Satzungen
der Greifswalder Gelehrten Gesellschaft
für Lutherforschung und neuzeitliche Geistesgeschichte.

1. Die Greifswalder Gelehrte Gesellschaft für Lutherforschung und neuzeitliche Geistesgeschichte ist eine freie Vereinigung von Gelehrten, die an der Universität Greifswald tätig oder anderweitig mit ihr verbunden sind. Sie hat ihren Sitz in Greifswald.

2. Der Zweck der Gesellschaft ist wissenschaftliche Forschung. Sie verfolgt ihr Ziel insbesondere durch wissenschaftliche Veröffentlichungen, Forschungsberichte und Vorträge. Die Gesellschaft erscheint im amtlichen Personalverzeichnis der Universität.

3. Die Gesellschaft besteht aus ordentlichen und korrespondierenden Mitgliedern. Sie ergänzt sich aus allen Fakultäten.

4. Die ordentlichen Mitglieder müssen ihren bürgerlichen Wohnsitz in Greifswald haben.

Gibt ein ordentliches Mitglied seinen Wohnsitz in Greifswald auf, so wird es von selbst korrespondierendes Mitglied.

Ein korrespondierendes Mitglied, welches in Greifswald seinen Wohnsitz begründet, kann zum ordentlichen Mitglied gewählt werden. Der § 6 findet Anwendung.

5. Über die Angelegenheiten der Gesellschaft wird von den ordentlichen Mitgliedern beraten und mit einfacher Mehrheit beschlossen, sofern nicht ein anderes bestimmt ist.

6. Über die Aufnahme neuer Mitglieder wird in einer Sitzung der ordentlichen Mitglieder in geheimer Abstimmung Beschluß gefaßt.

Die Aufnahme findet nicht statt, wenn drei ordentliche Mitglieder in der Sitzung oder, wenn sie nicht daran teilgenommen haben, innerhalb eines Monats widersprechen.

Ein Ausschluß aus der Gesellschaft kann nur erfolgen, wenn $^3/_4$ aller ordentlichen Mitglieder zugestimmt haben.

7. Die Bestimmungen von § 6 können nur in entsprechender Weise geändert werden.

Andere Verfassungsänderungen und die Auflösung der Gesellschaft sind beschlossen, wenn $^2/_3$ der Anwesenden dafür gestimmt haben. In dieser Sitzung müssen $^2/_3$ aller ordentlichen Mitglieder anwesend sein. Ist das nicht der Fall, so entscheidet die nächste Sitzung, zu der alle ordentlichen Mitglieder unter Angabe der Tagesordnung erneut einzuladen sind.

8. Regelmäßige Beiträge werden nicht erhoben. Im Bedarfsfalle können Umlagen beschlossen werden.

9. Der Vorstand besteht aus dem Vorsitzenden und aus drei Vertretern der Fakultäten. Ein Vorstandsmitglied muß Kirchenhistoriker sein. Der Vorstand beschließt über die Herausgabe der Druckschriften. Er hat das Recht, besondere Mitteilungen zu veröffentlichen.

Der Vorstand wird von der Mitgliederversammlung auf ein Jahr gewählt, Wiederwahl ist zulässig. Je ein Mitglied soll tunlichst der theologischen, rechts- und staatswissenschaftlichen und philosophischen Fakultät angehören. Das Geschäftsjahr beginnt mit dem 15. Mai.

10. Der Gesellschaft stehen für ihre Zwecke geeignete Räume der Universität nebst Beleuchtung, Beheizung und Bedienung zur Verfügung.

Die Mitglieder haften nur mit ihrem Anteil am Gesellschaftsvermögen. Das Vermögen der Gesellschaft geht bei Auflösung auf die Universität über.

11. Diese Satzungen bedürfen der Zustimmung des Preußischen Ministeriums für Wissenschaft, Kunst und Volksbildung.

Greifswalder Studien
zur Lutherforschung und neuzeitlichen Geistesgeschichte
Herausgegeben von der
Greifswalder Gelehrten Gesellschaft für Lutherforschung
und neuzeitliche Geistesgeschichte
5

Von der Rechtserkenntnis

Eine metaphysische Studie

Von

Walther Schönfeld.

Verlag von Walter de Gruyter & Co.
vormals G. J. Göschen'sche Verlagshandlung — J. Guttentag, Verlagsbuchhandlung — Georg Reimer — Karl J. Trübner — Veit & Comp.
Berlin 1931 Leipzig

Druck von Walter de Gruyter & Co., Berlin W.

Inhalt.

Meinen Eltern.

»Unter Deutschen versteht man sofort, wenn ich sage, daß die Philosophie durch Theologen-Blut verderbt ist. Der protestantische Pfarrer ist Großvater der deutschen Philosophie, der Protestantismus selbst ihr peccatum originale.«

Friedrich Nietzsche (Der Antichrist).

»Nicht jeder Philosophie ist es gegeben, eine Offenbarung zu begreifen. Die Hauptvoraussetzung ist: ein nicht blos ideales, durch die Vernunft vermitteltes, sondern reales Verhältnis des menschlichen Wesens zu Gott.«

Schelling (Philosophie der Offenbarung, 24. Vorlesung).

»Hindurchgehen also durch Dialektik muß alle Wissenschaft. Eine andere Frage aber ist, ob nie der Punkt kommt, wo sie frei und lebendig wird, wie im Geschichtsschreiber das Bild der Zeiten, bei dessen Darstellung er seiner Untersuchungen nicht mehr gedenkt?«

Schelling (Die Weltalter).

»Dann wird der Stoff verschwunden sein, und der Gedanke hat als Sieger das Feld behauptet«. Sohm (Institutionen).

Über der deutschen Rechtsgeschichte der Gegenwart, wo ich es besser als bei ihren Schwestern beurteilen kann, so Vieles und Großes in ihr gearbeitet und geleistet wird, liegt es wie Abenddämmerung und Herbststimmung. Sollte es dafür eines Beweises bedürfen, so lese man die feinsinnigen und nachdenklichen, jedoch mutigen und unverzagten Worte, die ein so freier und überlegener Geist wie Ernst Heymann soeben in der Schmidt-Ott-Festschrift darüber geäußert hat, oder blättere in irgend einem Bande der Savigny-Zeitschrift des letzten Jahrzehnts, und man wird gleichsam zwischen den Zeilen spüren, wenn man es nicht geradezu klipp und klar ausgesprochen findet: es ist Epigonenzeit im deutschen Recht, seitdem die »Heroen« vor und um 1900 einer nach dem andern uns verlassen haben.

Wohl gibt es auch in der Gegenwart auf unserem Gebiet Namen von hohem und höchstem Rang und Klang, die einen Vergleich mit denen der »Heroen« zulassen, wenn nicht gar zu ihren Gunsten aushalten. Aber gerade ihre Träger sind es, wenn uns nicht alles täuscht, aus denen die Sorge um die Zukunft am

---

Die Abhandlung war für die Heck-Rümelin-A. B. Schmidt-Festgabe (1931) geschrieben. Als sie fertig war, bot sich mir die günstige Gelegenheit, sie durch mein Rechtsgutachten: »Die Haftung aus der Inkorporation vornehmlich in Württemberg«, das mir geeigneter schien, zu ersetzen. Geändert habe ich an ihr wesentlich nichts. So möge sie so, wie sie ist, auch an dieser Stelle ihrer ursprünglichen Bestimmung dienen, die der freundliche Leser um der Sache willen im Auge behalten wolle.

deutlichsten zu uns spricht, wobei sich mancher von ihnen vielleicht wie Roland fühlen mag gegenüber den anstürmenden Barbaren im Roncewal, als letzter Zeuge einer sinkenden großen Zeit. Diese Stimmung ist begreiflich in einer Zeit des Umsturzes, und ihren Gründen persönlicher und sachlicher Art nachzusinnen, wäre einer besonderen, eindringlichen Überlegung wert. Wir können sie hier im Vorbeigehen nicht vornehmen und wollen es auch nicht. Eins aber ist gewiß. Epigonen im wahren und strengen Sinne des Wortes sind wir, wenn wir es nicht anders wollen, weil wir kein Neues in uns tragen, das uns von unsern Vorgängern unterscheidet. Epigonen sind wir, wenn wir mehr von der Vergangenheit als von der Zukunft und jedenfalls nicht von der Gegenwart und damit aus uns selber leben. Wer seine Hand an den Pflug legt und schaut zurück, der ist ein Epigone und wert, daß man ihn so bezeichnet. Wir aber wenden uns zu dem, das vor uns liegt, ohne des Rückwärtigen darum zu vergessen. Die Gegenwart ist unser Feld, die zwischen den Zeiten liegt, zwischen Vergangenheit und Zukunft, die sie umschließt. Zwischen den Zeiten und damit in der Gegenwart ist alle und darum auch unsere Fruchtbarkeit. Hic Rhodus, hic salta!

In der Natur sind nicht die Zeiten fruchtbar, da die Sonne am höchsten steht und geerntet wird. Sie sind reich, aber nicht eigentlich fruchtbar. Sie bringen ein, was sie nicht gesät haben, und, was sie bergen, haben sie geerbt. Ernte ist nach der Sonnenwende und nach der Blüte, in der Natur, wo es jeder sehen kann, aber auch im Geistigen, wo es verhüllter ist. Denn Leib und Seele, Natur und Geist sind eine Einheit und eine Wirklichkeit, die sich in ihnen auseinanderlegt. Es will mir daher nicht mehr richtig scheinen, daß sich Geschichte und Natur unterscheiden als das Einmalige und das Mehrmalige. Auch in der Natur wiederholt sich nichts und auch in der Geschichte wiederholt sich alles, wenn man genauer zusieht. Ja die Geschichte, wenn man es recht bedenkt, ist geradezu die Wiederholung des Einmaligen. Alles ist einmalig und alles kehrt wieder in unserm Leben und in jedem Leben, so gewiß das Leben Selbsterneuerung bedeutet.

Was wäre die Heroenzeit der deutschen Rechtsgeschichte vor und um 1900 ohne die historische Rechtsschule, die den Samen ausstreute in das von ihr gepflügte Land? Was wären die Heroen nach 1870, wenn sie nicht die Testamentsvollstrecker derer wären, die sie dazu ernannt haben? Das Testament Friedrich Karl von Savignys, das sie erfüllten, nach besten Kräften, wenngleich nicht in seinem ganzen Gehalt, ist Keim und Grundlage ihrer Größe, die damit nicht verkleinert werden soll und wird. Einer ihrer größten und besten, ja, ich muß es sagen, obwohl es Widerspruch erregen wird, ihr größter und bester, Otto von Gierke, überragend und darum einsam und nicht in seiner ganzen Tiefe gewertet und verstanden in der Einheit von Philosophie und Geschichte, von Geschichte und Jurisprudenz, die er verkörperte, hat dies gewußt und je und je betont, nicht nur in Worten, wie viele seiner Zeitgenossen auch, sondern und vor allem in seinem Wirken und in seinem Werk. Er lebte ebenso wie Rudolph Sohm, der mir der Lehrer aller Lehrer war und ist und sein wird, von dem Reichtum der historischen Rechtsschule, von dem Überfluß Schellings und auch Hegels, die er mit Recht als Einheit sah, wiewohl sie sich sehr gründlich unterschieden und unterscheiden. Er wußte wie sie beide, daß Geschichte ohne Metaphysik nicht sein kann, weil sie ihr Mutterboden ist, auf dem sie wächst. Löst sie sich davon, um nur Geschichte zu werden, wie es das Ideal des Historismus der Heroenzeit im Grunde war, so mag sie wohl noch eine Weile ernten. Aber danach wird es Herbst und wird es Abend, wie wir es gegenwärtig erleben, nach den unabänderlichen Gesetzen der Natur, die auch im Geistigen gelten, wenngleich auf ihre eigne und besondere Art. Als das Naturrecht alt und schwach wurde, kam die historische Schule, und als sie dahinging, kam der Historismus der Heroenzeit, die jetzt im Sterben liegt, nachdem sie Großes und Größtes hervorgebracht hat, dessen dankbare Erben wir sind, wie ich mit allem Nachdruck betone und hervorhebe, um jedem Mißverständnis vorzubeugen. Wenn der alte Glaube stirbt, und er liegt im Sterben, wenn er an sich zweifelt und verzweifelt, kommt der neue Glaube, kommt der Tag, zu dem wir berufen sind, die wir wohl Epigonen, aber auch Progonen, Nachfahren und Vorfahren und vor allem wir selber sind.

A.

Aber welches ist der alte Glaube, welches ist der Historismus, dessen Erben und Epigonen wir sind? Darüber hat man große und bedeutende Werke geschrieben, die sehr belehrend sind. Allein sie sagen uns und können uns nichts anderes sagen als das, was kurz und bündig dahin lautet:

Die Herrlichkeit der Erden
Muß Rauch und Asche werden,
Kein Fels, kein Erz kann stehn.
Das, was uns kann ergötzen,
Was wir für ewig schätzen,
Wird als ein leichter Traum vergehn.

Mit diesen Versen hat Andreas Gryphius, mein schlesischer Landsmann, der es freilich anders meinte, das Glaubensbekenntnis des Historismus ausgesprochen und ihm das Motto gegeben, nach dem wir suchen. Denn das ist der Historismus, daß er allein die Herrlichkeit der Erde und ihre Vergänglichkeit, nur Diesseitiges und nicht auch Jenseitiges kennt und anerkennt. Historismus bedeutet Geschichte, die nur Geschichte und gar nichts anderes ist, Geschichte ohne Ende und Vollendung und damit, wenn man es recht betrachtet, ohne Sinn. Alles fließt und wir fließen auch, ohne zu wissen, woher und wohin, wozu und warum. Historismus ist Relativismus und darum Pessimismus. Er ist ohne Bestand und ohne Ewigkeit und, wenn man es religiös ausdrückt, ohne Gott. Zweifel am Ewigen und Unvergänglichen ist sein Anfang und Verzweiflung sein Ende, wofür man nur an Oswald Spenglers schnell berühmt gewordenen und ebenso schnell vergessenen »Untergang des Abendlandes« zu erinnern braucht. Historismus als Weltanschauung ist Glaube ohne Glaube und damit Unglaube.

Darum ist er der Glaube und die Weltanschauung der Wissenschaft im engen und strengen Sinne, wenn und soweit sie Forschung bedeutet. Die Wissenschaft als Forschung ist ungläubig, und der »wissenschaftliche« Mensch als solcher ist es auch. Sie sind es nicht aus irgend einem Mangel, so daß man ihnen einen Vorwurf daraus machen könnte oder dürfte, sondern aus der Notwendigkeit ihres Wesens. Forscher als Forscher dürfen nicht an irgend etwas glauben, das sie nicht erforschen könnten. Sie dürfen es nicht in Ansatz bringen. Es wäre eine qualitas occulta, die ihre Berechnungen und Feststellungen störte und unstimmig machte. Es wäre ein Fremdkörper, der in das Erforschte und Erforschliche nicht hineingehört, weshalb sie es im besten Falle dahingestellt sein lassen. »Religion ist Privatsache«, das hätte auch der Historismus sagen können, sofern er es nicht gesagt hat. Von Gott, der der Gehalt und Urgrund allen und jeden Glaubens ist, in welcher Gestalt er auch auftrete, gibt es keine Forschung und damit keine Wissenschaft in diesem Sinne. In der Wissenschaft als Forschung kommt Gott nicht vor. Er hat keinen Ort und keinen Platz in ihr, weil er unerforschlich ist. Die Wissenschaft im Sinne der Forschung ist »gottlos« und muß es sein, wenn sie sich als Forschung getreu bleiben will. Sie ist nicht gegen Gott, aber auch nicht für ihn, sie ist nicht antitheistisch, wohl aber »atheistisch«, sie kann mit Gott nichts anfangen.

Darum ist die Theologie der Antipode dieser Wissenschaft, die Forschung sein will, da es eine Gottesforschung nicht gibt und geben kann. Aber, gibt es auch keine Gottesforschung, so gibt es doch eine Gotteserkenntnis, ein Wissen und eine Wissenschaft von Gott, die nicht nur auf Forschung beruht. Es gibt eine Wissenschaft, die mehr als Forschungswissenschaft ist, weil sie Erkenntnis ist, und alle Forschung, weil sie Erkenntnis will, weist über sich hinaus in diese Wissenschaft, die mehr als »Wissenschaft« ist. In der Erkenntnis ist die Wissenschaft als Forschung aufgehoben und überwunden, um es in der Sprache Hegels auszudrücken. Es gibt nur eine Wahrheit und darum auch nur eine Wissenschaft, die Wissenschaft der Wissenschaften, die Wissenschaft, die Wissen schafft.

I.

Ist also der Historismus Wissenschaft und nur Wissenschaft, ist ihm die Geschichte als Geschichte und die Wissenschaft als Forschung ein und alles, so daß er etwas anderes nicht kennt und gelten läßt, so ist er eine Einseitigkeit wie jeder »Ismus«. Das ist seine Stärke, die man nicht bestreiten, und seine Größe, die man nicht verkleinern sollte. Einseitigkeit macht groß und stark. Ihr verdankt er die ungeheure und ungebrochne Kraft, mit der er forschte und immer wieder forscht, ohne auch nur zu fragen, was dabei herauskommt, weil es ihn schöne Arbeitszeit kosten würde, die er der Forschung nicht entziehen mag. Forschung ist das A und O des Historismus, der darum sich auch so bezeichnet. Ihm ist Geschichte Geschichtswissenschaft und Geschichtswissenschaft Forschung. Was er uns bietet sind »Forschungen und Untersuchungen«, und was er schreibt, sind

Monographien, die er mit Stolz als die »Pioniere der Forschung« bezeichnet. Dagegen legt er auf »zusammenfassende« Darstellungen, wie sie in Lehr- und Handbüchern vorliegen, weniger Gewicht, weil und soweit sie keine neuen Forschungsergebnisse bringen; und eine Geschichtsschreibung im eigentlichen und besonderen, von der Forschung unterschiedenen Sinne scheint er nach seiner Grundhaltung überhaupt nicht zu kennen. Nicht Geschichtsschreibung, sondern Geschichtsforschung, Forschung und kein Ende ist seine Losung. Die gerade Linie und ihre »schlechte Unendlichkeit« ist sein Symbol.

Aber wir Epigonen des Historismus, soweit wir es mit Bewußtsein sind, wollen ein Ende, weil wir Vollendung und Erkenntnis wollen. Wir wollen, daß die Forschung — und wäre es auch nur auf eine Weile — einmal innehalte und uns die dringende Frage beantwortete: Was heißt und zu welchem Ende treiben wir Geschichtsforschung? Was bedeutet sie und ihre Unermüdlichkeit? Einmal muß die Forschung dazu die Zeit aufbringen, daß sie darüber nachdenke, einmal muß sie sich und uns Rede und Antwort stehen, will sie sich nicht in völliger Gedankenlosigkeit zu Tode forschen. Einseitigkeit macht gewiß groß und stark, aber sie macht auch klein und schwach, weil und soweit sie mit Blindheit geschlagen ist.

Und der Historismus, wenn er das Ganze sein will, ist blind, nämlich für das Ganze. Forschung geht nicht aufs Ganze. Forschung ist immer Einzelforschung und Untersuchung immer Einzeluntersuchung. Sie ist das, was sie von sich sagt, »Einzelschrift«, nämlich Monographie oder Zusammenfassung von Monographien. Es sind immer Forschungsergebnisse und damit Einzelheiten, die uns von ihr geboten werden, wofür der mehr oder weniger große »Apparat« von Anmerkungen der sinnfällige Ausdruck ist. Je gründlicher die Forschung, je tiefschürfender die Untersuchung, um so umfangreicher und gewaltiger ist das Heer der Fußnoten, die den Text nicht nur begleiten, um Anregungen zu geben, sondern stützen, indem sie ihn begründen und recht eigentlich erst verständlich machen. Die Forschungsergebnisse des Textes fordern das »Material« der Noten, aus dem sie in der Forschung gewonnen sind. Forschung ist immer »material«, sie ist immer stofflich. Sie ist Stoffermittlung, soweit sie wirklich Forschung ist und bleibt und nicht zur Stoffverarbeitung voranschreitet, was man nicht mehr als Forschung im Sinne von Forschen bezeichnen kann. Die Forscher im eigentlichen Sinne sind die Gelehrten im eigentlichen Sinne; sie sind, wenn sie Geschichtsforscher sind, die Schriftgelehrten, die wissen, was geschrieben steht, nachdem sie es ermittelt haben, wie die Sprache bedeutungsvoll sagt. Forscher schreiben daher wesentlich für Forscher, Gelehrte für Gelehrte, die das Vorgetragene auf seine Richtigkeit hin zu prüfen und den Gang der Forschung sich zu vergegenwärtigen den Wunsch haben. Forschung ist »Geheimwissenschaft«, sie ist nicht fürs »Volk«.

Vorgetragen aber werden Einzelheiten und nur Einzelheiten, wenn und soweit es sich um Forschungsergebnisse handelt, die man er- und vermitteln, lehren und lernen kann. Denn das Ganze, um es mit aller Betonung zu sagen, läßt sich nicht erforschen und auch nicht eigentlich lehren und lernen; es ist unerforschlich, weil es in aller Forschung vorausgesetzt wird, und es ist insofern unmittelbar und nicht mittel- und mitteilbar, als es »ursprünglich« ist. Wie die Forschung voraussetzt, daß ihr Beginnen sinnvoll sei, ohne es zu begründen, also setzt sie auch das Ganze voraus, dessen Einzelheiten sie untersucht.

Dieses Ganze, das die Forschung voraussetzt, ist uns nicht so gegeben wie die Einzelheiten. Es steht nicht »geschrieben«. Es ist kein »Datum«, das man aufnehmen könnte, nachdem man es mit und ohne Forschung gefunden hat. Es ist auch keine Tatsache, die man dem Datum entnehmen könnte, womit man sie feststellt. Es ist nicht erschlossen und nicht erdacht, kein »Faktum«, das man im Schutt der Überlieferung entdecken und untersuchen könnte. Es ist nicht »gemacht«, sondern geschaffen, weil es gedacht ist. Es ist im tiefsten und letzten Sinne des Wortes ein Gedanke, den man denken muß, indem man über ihn nachdenkt, ohne ihn zu erdenken, ein Gedanke, den man zu den erforschten Einzelheiten hinzudenken muß, indem man sie verarbeitet, und hinzudenken kann, weil er in ihnen vorgedacht und enthalten ist, die darum »seine« Einzelheiten sind. Einzelheiten gehören immer zu einem Ganzen, ohne das sie auseinanderfallen würden in das Nichts der Sinnlosigkeit. Denn das Ganze als der Gedanke, der in und mit den Daten, die seine Daten sind, gegeben ist, ist gar nichts anderes als der Sinn, der sich in ihnen ausspricht, was der Grund dafür ist, daß man das Ganze nicht so erforschen kann, wie man seine Einzelheiten, seine Daten und Fakten, erforscht. Es gibt wohl Tatsachen-, nicht aber Sinnforschung, weil man ihn nicht »ermitteln« kann. Der Sinn der Daten und Fakten, die man erforscht, ist letztlich unerforschlich, weil er »ursprünglich« ist. Er leuchtet nur in ihnen auf, wenn er in uns aufleuchtet, indem wir uns auf ihn besinnen. Jeder Sinn ist ein verborgener Sinn. Nicht im Forschen, sondern im Besinnen des Erforschten, im Denken wird er offenbar. Darum muß der Forscher, wenn er über Einzelheiten hinausgelangen will — und das will wohl jeder Forscher — über sie und ihren Sinn nachdenken, wodurch sie sich als Einzelheiten einer Ganzheit offenbaren. Nicht durch Zusammenstellung und Zusammenfassung, nicht durch »Synthese« in dem schlechten Sinne, den unsere Lehrbücher oft damit verbinden, nicht durch Zusammendenken, sondern im Durchdenken, im »Verarbeiten« ersteht die »innere« Einheit und Ganzheit, die Ursprünglichkeit der erforschten Einzelheiten, die etwas anderes ist als ihre Summe. Durch die Einzelheiten hindurch geht der Weg zur Ganzheit, der zugleich auch ein Rückweg ist, weil sie am Anfang und am Ende der Forschung steht. Der Gedanke ist das Ende der Forschung, wie er ihr Anfang ist, und der Denker ist das Ende des Forschers, wie er sein Anfang ist. Einzelheiten stellt man fest in ihrem Sein, Ganzheit erkennt man in ihrem Sinn, in ihrem Dasein, oder wie man heute, wo Sören Kierkegaard das Feld beherrscht, zu sagen liebt, in ihrer Existenz. Nur das Ganze hat Existenz; denn nur das Ganze hat Sinn. In den erforschlichen und erforschten Einzelheiten den vorausgesetzten Sinn, der in gewissem Umfange auch ein Widersinn sein kann, zu erkennen, das heißt, ihre Ganzheit und damit die Wirklichkeit in ihnen erkennen. Denn Ganzheit ist Wirklichkeit als die Einheit und Ursprünglichkeit des Wirklichen, die sie ist. Wirklichkeit ist unableitbar, weil sie der Ursprung und der Urgrund des Wirklichen ist, in dem sie uns erscheint.

Darum ist alle Erkenntnis, weil sie im Erforschlichen erkennt, Erkenntnis des Unerforschlichen, was nicht genug betont werden kann. Sie erkennt das Erforschliche als etwas, erkennt es als etwas, das nicht wiederum erforschlich, wenngleich erkennbar ist, weil es uns schon bekannt ist. Erkennen heißt etwas als etwas, ein noch unbekanntes als ein schon bekanntes erkennen, es also wiedererkennen und dadurch besser und vollkommener erkennen, eine Identität setzen zwischen einem Impliziten und einem Expliziten. Etwas erkennen heißt, ihm auf den Grund gehen, seine Ursprünglichkeit einsehen, seiner Wahrheit und Wirklichkeit inne werden, was niemals durch Forschung allein geschieht, die wesentlich im Ermitteln und darum im Mittel- und Mitteilbaren, im Material und nicht im Gehalt sich bewegt. Ursprünglichkeit läßt sich nicht »wissenschaftlich« oder »exakt«, d. h. mit den Mitteln der Forschung beweisen. Wer für Ursprünglichkeit Beweise fordert, weiß nicht, was sie ist. Er hat sie nicht »erlebt« oder »erfahren«; sie ist ihm noch nicht »aufgegangen« und »offenbar« geworden. Unmittelbarkeit läßt sich nicht ermitteln, wohl aber vermitteln, indem man ihren Sinn aufzeigt. Erlebtes kann verstanden werden. Den Urgrund kann man nicht begründen, außer daß man ihn als den Grund der Gründe dartut, wodurch man ihn zwar nicht beweist, wohl aber rechtfertigt. Voraussetzungen sind dazu da, sich zu rechtfertigen als das vorweggenommene Ergebnis, als der zu entfaltende Anfang, als das zu vermittelnde Unmittelbare. Das Unmittelbare als das Mittelbare, das Mittelbare als das Unmittelbare einsehen, im Unerforschlichen das Erforschliche und im Erforschlichen das Unerforschliche entdecken, das Implizite explizieren und das Explizite implizieren, den Begriff als System und das System als Begriff verstehen, das heißt erkennen und Erkenntnis haben. Forschungsergebnisse kann man lehren und lernen, indem man sie »auswendig« lernt. Erkenntnis kann man nur selber haben, indem man das Gelernte »in seinem Herzen« bewegt und bedenkt, wozu man freilich angeleitet werden kann. Dort trägt das Mittelbare, hier das Unmittelbare den Ton, was unterschieden werden muß und kann, obwohl oder gerade weil es »im Grunde« dasselbe, d. h. identisch, eine Einheit in der Zweiheit ist. Alle Erkenntnis ist »dialektisch«, insofern sie sich mit sich selber unterhält, zu sich selber je und je zurückkehrt, in Kreisen und nicht in einer Geraden fortschreitet.

Ist dem aber so, so ist die Geschichtsforschung und damit der Historismus etwas, das überwunden werden muß, und zwar nicht nur einmalig, wie man jetzt allenthalben hört, sondern immer wieder von neuem. Sie sind nicht das Letzte, weil sie kein Ende finden und finden können. Forschung, so gewiß sie im Forschen besteht, ist nicht das Ganze, weil sie sich nie und nie vollendet. Sie ist immer nur vorläufig. Sie läuft vor auf das Ende ihrer selbst, das sie erlöst, und sie findet diese Erlösung in dem andern ihrer selbst, das sie ergänzt, in der Geschichtsschreibung, die der Historismus, wenn überhaupt, nur per nefas kennt, weil er Geschichtsforschung sein will. Ihm ist die Forschung und nicht die Erkenntnis das Hauptbetonte, weshalb er auch sich als »unendliche Aufgabe« fühlt, was sehr bemerkenswert ist. Forschung ist ihrem Wesen nach unendliche Aufgabe, da man mit Einzelheiten, so gewiß sie eben Einzelheiten und damit Bruchstücke sind, niemals »zu Ende« kommt und niemals fertig werden kann. Forschung ist immer fragmentarisch; Erkenntnis dagegen ist immer ganz und immer vollendet, weil sie ursprünglich ist.

Darum hat die Geschichtsforschung weder ein Ende noch auch Vollendung, außer in der Geschichtsschreibung, die Erkenntnis ist. In ihr ist die Geschichtsforschung zu sich selbst und ihrer Ruhe gekommen. Sie »ergänzt« die Forschung, indem sie sie vollendet und überwindet, und zwar anschaulich, nicht denkerisch, wodurch sie sich von der eigentlichen Geschichtserkenntnis, der Geschichtsphilosophie, unterscheidet. Dort hat das Bild, hier der Begriff sein Recht, die »im Grunde« zusammenhängen, wie wir gleich sehen werden.

Das aber bedeutet, was auch mit Nachdruck gesagt sein mag und heutzutage gesagt werden muß: Nur durch die Geschichtsforschung führt der Weg zur Geschichtsschreibung und zur Geschichtserkenntnis, weil man die Einzelheiten als erforscht voraussetzen muß, wenn man in ihnen Wirklichkeit und Sinn erkennen will. Nur Phantasten und Dilettanten schreiben Geschichte, ohne vorher geforscht zu haben. Das ist das ewige Recht des Historismus, der ihm und allen seinen Anhängern und Gegnern zum Trotz nicht nur Vergänglichkeit, nicht nur eine Zeiterscheinung ist, die kommt und geht, sondern überzeitliche Notwendigkeit hat und damit Ewigkeit bedeutet. Historismus wird immer sein, solange es eine Geschichtswissenschaft im strengen und eigentlichen Sinn des Wortes gibt. Denn sie ist der Historismus. Nicht als Weltanschauung, wohl aber als Prinzip der Wissenschaft ist er gerechtfertigt. Forschung darf nur sich selber kennen. Geschichtsforscher sein heißt Historist sein, weshalb man ihm daraus keinen Vorwurf machen sollte, sofern er weiß, daß seine Forschung nicht das Ganze, sondern nur die notwendige Vorarbeit zu diesem ist. Denn wenn er darüber hinaus zum Ganzen will, so muß er sich aus einem Historisten, der er als Forscher ist, in einen Historiker verwandeln und Geschichtsschreiber werden. Geschichtsschreibung ist mehr als Geschichtsforschung und Geschichtswissenschaft, weil sie Geschichtserkenntnis, weil sie überwundene Geschichtsforschung und besiegter Historismus ist. Darum ist jede Geschichtsforschung auf dem Wege zur Geschichtsschreibung in der Einheit und Ganzheit des Historikers, der zur Erkenntnis strebt. Aber es ist kein gerader Weg, der von dem einen zum andern führt, sondern ein Sprung über den Abgrund ins jenseitige Land. Denn das Ganze ist zwar in seinen Einzelheiten, in denen es erkannt wird, aber es ist ebenso auch vor ihnen und nach ihnen, weil es in dem Erforschlichen als bekannt vorausgesetzt wird, um nachher in dem Erforschten erkannt zu werden. Das Ganze ist in, vor und nach den Teilen, weil es das Ganze ist, außerhalb von dem nichts ist. Aber es ist gerade darum nicht die Summe seiner Teile. Es ist etwas anderes als die Teile, weshalb auch die Geschichtserkenntnis und die Geschichtsschreibung etwas anderes sind als die Geschichtsforschung.

Damit ist begreiflich, daß man nicht so Geschichte schreibt, wie man sie erforscht. Geschichte schreiben heißt nicht Forschungsergebnisse mitteilen, heißt nicht, für Forscher schreiben und über Geschichte schreiben. Wer über die Geschichte schreibt, steht außerhalb von ihr; er hat sich nicht in sie hineingedacht. Er lebt nicht in ihr und sie in ihm. Sie ist ihm nicht zur Wirklichkeit geworden. Wer über die Geschichte schreibt, hat die Eierschalen der Forschung noch nicht abgestreift. Sie kleben noch an ihm und er an ihnen. Will er in Wirklichkeit und Wahrheit das sein, was sein Name sagt, so muß er allen Stolz des Forschers abtun, sich selbst erniedrigen, um dann erhöht zu werden. Er muß aus einem Forscher Schreiber werden und die Geschichte schreiben als ihr Schreiber. Geschichte schreiben heißt nichts anderes, nicht mehr und auch nicht weniger, als die Stimme der Geschichte in sich zum Klingen bringen und das Gehörte aufschreiben, was zwar ein Bildnis oder Gleichnis ist, aber nicht besser und anders ausgedrückt werden kann, will man die Ursprünglichkeit der Geschichtsschreibung gegenüber der Geschichtsforschung zur Geltung bringen.

Ursprüngliches läßt sich am besten ursprünglich und damit anschaulich sagen. Denn wenn man es »begrifflich« sagt, was man freilich muß, wenn man Erkenntnis beansprucht, macht man es mittelbar, wodurch man es gefährdet, wenn nicht vernichtet. Aber nicht wer das Bild zerstört, erkennt das in ihm Vorgestellte, sondern wer es als Bild erkennt, indem er es »durchschaut«. Bilder und Gleichnisse sind unentbehrlich, und wäre es auch nur deshalb, um sie zu »überwinden«, was etwas anderes ist, als sie zerstören. Wer um ein Bild als Bild weiß, hat einen Halt an ihm, er läßt sich von ihm führen, nicht aber verführen. Er wird es bedenken, nicht aber zerdenken, indem er seinen Sinngehalt begreift. Bilder sind mehr als Bilder, so gewiß sie verstanden werden können, weil sie einen Sinn vermitteln. Das Bild ist Sinnbild, und alles Sinnverständnis besteht darin, sein Bild zu deuten. Nicht daß man bildhaft redet oder denkt, ist zu verwerfen, sondern daß man dabei stehen bleibt und auf seine Deutung verzichtet. Die Bilderstürmerei ist ebenso gefährlich wie der Bilderdienst, wofür uns Juristen die sogenannte »organische« Theorie, die uns nachher beschäftigen wird, das klassische Beispiel ist. Das Bild als Bild ist noch nicht begriffen und Begriff, aber nur das Bild ist zu begreifen und begreiflich. Ohne Bilder greifen wir ins Leere, wie die juristische Dogmengeschichte fast auf jeder Seite und mehr als einmal zeigt. Theorie heißt Anschauung, denkende und begreifende Anschauung. Ein Denken, das »nur« denkt, gerät auf Abwege, weil es nichts begreift und nichts erkennt. Wir reden wohl von Sinnbildern, nicht aber von Sinnbegriffen, worin sich zeigt, daß wir den Sinn nicht anders als im Bilde greifen können. Die Wirklichkeit begreifen heißt, ihre Bildungen als Sinngebilde aufstehen lassen und begreifen. Sehen ist vor Deuten, Unmittelbarkeit vor Vermittlung, das Bild insofern vor dem Begriff, was uns noch sehr beschäftigen wird. Im Bilde ist der Sinn mittelbar, im Begriff unmittelbar, worin sich zeigt, daß das Denken das Unmittelbare zum Mittelbaren und das Mittelbare zum Unmittelbaren macht, wenn es erkennt.

Während also, um zur Geschichte zurückzukehren, der Geschichtsforscher seinen Blick nach außen richtet auf die Daten, die er aufnimmt, und die Fakten, die er ihnen entnimmt, wendet sich der Geschichtsschreiber gerade umgekehrt nach innen, damit er in der Tiefe seiner Seele die Stimme vernehme, deren Rede er verzeichnen will. Die Bilder der Geschichte steigen in seinem Innern auf, aber sie fallen ihm nicht von außen ein. Sie sind keine Einfälle, sondern Eingebungen, Heimsuchungen einer inneren Stimme, die ruft, bis sie erhört wird. Darum nennen wir den Geschichtsschreiber, wenn er wirklich ein solcher ist, tiefsinnig. Ranke war tiefsinnig. Niemals aber nennen wir einen Forscher so. Forscher sind scharfsinnig, wenn sie es sind, aber nicht tiefsinnig. Tiefsinnige Forscher gibt es nicht. Die Sprache weigert sich, dies auszusprechen, und sie weiß, warum sie dies tut. Denn der Tiefsinn redet nicht von außen wie die Forschung, sondern von innen, weil er ursprünglich ist. Tiefsinn ist nicht eindringlich, nicht tiefschürfend wie die Forschung, auch nicht bohrend wie der Scharfsinn. Er hat kein Objekt, das er erforschen und erbohren könnte. Es fehlt ihm der Gegenstand, den er bearbeitet, weil er aufs Ganze geht, das nicht Gegenstand, sondern Gegenständlichkeit ist. Ganzheit ist Gegenständlichkeit, die Einheit der Gegenstände als der Einzelheiten. Ganzheit ist immer Singular, Einzelheiten sind immer Plural. Ganzheit ist immer eins und immer eine, weil sie Individualität und damit Monade ist. Den Sinn kann man nicht teilen und nicht pluralisieren. Er teilt sich, aber er zerteilt sich nicht, er geht nie aus. Tiefsinn ist unergründlich und darum abgründig. Sein Grund ist so, daß man ihn nicht erschöpft. Er ist unerschöpflich, weil er selbst schöpferisch ist. Tiefsinn redet aus der ewigen Tiefe grundloser Schöpferkraft, da alle Forschung schweigt und schweigen muß, weil es für sie und ihren Scharfsinn zu dunkel ist. Tiefsinn erforscht nicht, sondern er erkennt, indem er schafft. Tiefsinn ist schaffende Erkenntnis, ist freischaffend oder nachschaffend. Nur Erkenntnisse sind tief. Nur Gedanken haben Tiefe. Forschungen aber sind nicht tief und auch nicht tiefsinnig. Sie gehen in die Tiefe, aber sie kommen nicht aus der Tiefe. Sie sind nicht schöpferisch. Sie schaffen keine Erkenntnis, die sie nur vorbereiten. Sie sind nicht synthetisch und zugleich analytisch im echten Sinne, sondern nur analytisch. Sie lösen auf, indem sie die vorausgesetzte Ganzheit in ihre Einzelheiten auseinanderlegen, um sie zu untersuchen und festzustellen, wobei sie sie oft genug im schlechten Sinne zersetzen. Es gibt eine zersetzende Analyse und eine zusammensetzende Synthese, die beide nur vorläufig sind, vorläufig auf die echte Synthese, die zugleich echte Analyse ist, weil sie nicht nur Forschung, sondern Erkenntnis ist. Dort ist die Analyse das erste und die Synthese das zweite, hier ist es anders, weil sie vom Ganzen zum Teil und vom Teil zum Ganzen geht. Die Schärfe des Verstandes, der unterscheidet, ist die Ehre der Forschung, und Scharfsinn ist der Ruhm der Forscher, die sezieren. Scharfsinn zersetzt, im Guten wie im Bösen. Aber der Tiefsinn, der die Erkenntnis schafft, ist niemals zersetzend, auch wenn er analysiert, weil er mehr gliedert, als zergliedert.

Darum ist er den Forschern als Forschern unheimlich. Sie halten seine Rede für Geschwätz, für leeres, unbegreifliches Geschwätz. Sie glauben nicht an sie, weil sie als Forscher überhaupt nicht glauben. In jedem Forscher, wenn und soweit er Forscher ist, lebt nicht der Glaube, sondern der Unglaube, der an allem zweifelt und verzweifelt, bis er die Hände auf die Daten und an die Fakten gelegt, bis er ergriffen hat, was zu ergreifen ist, worin ein hohes Ethos, ein Maß von Ehrlichkeit und Unbestechlichkeit liegen kann, das nicht verachtet werden soll. Aber weil und soweit er zweifelt, mangelt ihm auch die Erkenntnis, die im Glauben gründet. Nur wer glaubt, erkennt, und nur wer nachdenkt, schaut. Denn alle Erkenntnis ist denkende Erkenntnis, wie sie auch schaffende und gläubige Schau ist. In der Erkenntnis sind Glauben und Wissen aufgehoben, die keinen letzten Gegensatz bilden. Im Glauben wird die Wahrheit offenbar, die eine ist. Der Glaube ist der Anfang und das Ende, die Voraussetzung und die Folge der denkenden Erkenntnis. Wer glaubt, weiß, daß er ist. Glauben heißt, seines Ichs und damit des Ichs gewiß sein, heißt, eine Persönlichkeit sein. Indem ich d e n k e, weiß ich, daß ich denke. Glaube ist nicht erschlossen, nicht ermittelt, wenngleich er auch vermittelt werden kann. Er ist ursprünglich und gewiß vor allem Wissen, das er möglich macht. Das erste ist der Glaube und nicht der Unglaube, die Gewißheit und nicht der Zweifel, das Vertrauen und nicht das Mißtrauen. Der Glaube ist die Möglichkeit des Zweifels, weshalb er nicht bezweifelt werden kann, weil damit das Ich zerstört würde, das zweifelt. Zweifeln heißt nicht verzweifeln. Glaube und Zweifel bedingen sich in der Erkenntnis. Glaube und Verzweiflung schließen sich aus.

Indem also der Historiker seine Forschungsergebnisse, an

deren Sinn er glaubt, durchdenkt, indem er sie in aller Stille bedenkt, wird ihm ihre innere Einheit und Ganzheit offenbar, erkennt er sie und ihren Sinn, erkennt er die Geschichte in ihnen in ihrer Wirklichkeit und Wahrheit, soweit es ihm beschieden ist. Nur das Unerforschliche läßt sich erkennen, indem man daran glaubt. Denn alle Erkenntnis ist offenbarte Erkenntnis. Sie ist eine Gnadengabe an den, dessen Ernst keine Mühe bleichet. Aber sie läßt sich nicht erarbeiten. Sie läßt sich nicht erdenken und erst recht nicht erforschen. Ganzheit wird nicht »erdacht« und nicht zusammengerechnet, indem man Einzelheiten zusammenfaßt. Ganzheit wird offenbar im Nachdenken, und offenbarte Ganzheit nennen wir Erkenntnis. Sie wird dem einen zuteil und dem andern nicht, dem einen mehr, dem andern weniger, weil wir verschieden begabt sind. Zum Forschen und zum Denken sind viele berufen, zur Erkenntnis wenige auserwählt. Es gibt Denker und Forscher, aber es gibt keine »Erkenner«, wie es auch keine »Ersinner« gibt. Alles Forschen und Denken ist nur ein Ringen um die Gnade der Erkenntnis, um den Preis der Wahrheit, die nicht von dieser Welt ist. Aber nur das Denken, das schaffende und gläubige Denken ist der Erkenntnis fähig.

Darum ist das Denken, das nicht von Erkenntnis gekrönt ist, ohne Bedeutung. Wir reden nicht von Denkung, wie wir von Forschung reden. Forschung hat ihren Sinn, ihren begrenzten Sinn in den Forschungsergebnissen, mögen sie noch so mager sein, wodurch sich unser Wissen, unsere Gelehrsamkeit bereichert. Aber Denkung ohne Erkenntnis ist nur als Dichtung sinnvoll. Der Dichter denkt sinnvoll, ohne Erkenntnis im Sinne wissenschaftlicher Erkenntnis zu haben, weil er sie gar nicht sucht. Er findet nicht, sondern er erfindet. Er erkennt nicht, sondern er bekennt. Er erkennt nicht Wirklichkeit, indem er sie bedenkt, sondern er bekennt Wirklichkeit, indem er sie erdenkt. Er ist der Schöpfer in der Vollendung seines Wesens. Er schafft nicht nach wie der Denker, der die Wirklichkeit erkennt, sondern er erschafft schlechthin, was ist und niemals ist, was war und niemals war, was kommt und niemals kommt, weshalb wir ihn den Seher nennen, weil er das sieht, was ist und doch nicht ist, worauf seine letzte Verwandtschaft mit dem Denker beruht. Denker und Dichter werden nicht zufällig in einem Atem genannt.

In diesem Sinne ist jeder echte Praktiker, weil er handelnd

schafft, ein »Poet«, ein Dichter, weil er Leben gestaltet, ein Seher, weil er erkennt, was sein wird und sein soll. Jeder Gesetzgeber, weil und soweit er Recht schafft, ist ein Dichter Rechtens, und jeder Richter, weil und soweit er danach Recht spricht, spricht diese Gedichte nach auf seine Art, mehr oder weniger frei in seinem Nachschaffen, weshalb wir ihn auch einen »Schöffen« nennen. Er spricht Recht aus dem Recht, erkennt im Recht das Rechte.

Aber auch der Theoretiker, der Rechtsgelehrte, der gerade umgekehrt im Rechten (in den Gesetzen und Richtersprüchen) das Recht erkennt, ist, weil er Denker ist, mit dem Dichter verwandt, was die Forscher von sich weisen. Forscher, soweit sie Forscher sind, bedürfen keiner »poetischen« Ader, weil sie nicht eigentlich »schaffen«; sie wollen keine Dichter sein und sind es auch nicht, obwohl auch sie denken, wenn sie forschen. Gelehrte sind keine Poeten und keine Praktiker, sie sind nicht schöpferisch. Sie sammeln und bewahren, was geschrieben steht. Sie sind »traditionell«, wie unsere Lehrbücher und Sammelwerke jedem deutlich machen. Sie sind als Forscher und Gelehrte nicht »originell«.

Freilich keine Handlung ohne Denken und deshalb auch keine Forschung ohne Denken. Denker und Forscher unterscheiden sich, weil sie im Grunde identisch sind, so daß der eine in den andern übergehen kann, wenn er den Ton verlagert in seinem Tun. Alle Unterscheidungen, so gewiß sie unterscheiden, was eine Zweiheit in der Einheit ist, bestehen in einer Tonverlegung. Was hier unbetont, ist dort betont, und umgekehrt. Das Denken begleitet das Forschen, aber es ist nicht seine Hauptsache. Wird es dazu, überwältigt das Denken das Forschen, so wandelt sich der Forscher in ein Denker und der Geschichtsforscher in ein Geschichtsschreiber, wenn nicht gar in einen Geschichtsphilosophen, was gar nicht selten vorkommt. Es gibt Historiker und auch Juristen, die in Wahrheit mehr Philosophen sind, und bei den Geschichtsforschern sollte es eigentlich die Regel sein, daß sie zugleich Geschichtsschreiber, wenn auch noch nicht gleich Philosophen sind. Die Einheit und Ganzheit, Wirklichkeit und Wahrheit der Persönlichkeit, die forscht und denkt, denkt und dichtet, läßt sich nicht mit dem Messer des Gedankens in einzelne Fachgebiete auseinanderschneiden, obwohl es die ungeheure Spezialisierung unseres gegenwärtigen Lebens darin schon weit genug gebracht hat; und die Universitäten, die die Verkörperung des wissenschaftlichen Lebens sind, sind auch heute noch nicht zu Werkstätten geworden, wo die Forschung und die Erkenntnis gleichsam am laufenden Band geleistet wird, daß der eine nur »Forscher« und der andere nur »Denker« wäre, obschon die Gefahr, daß sie es werden, in bedrückender Größe vor uns steht. Ein Hauch von Universalität und Ganzheit ist ihnen und ihren Gliedern geblieben und muß ihnen bleiben, wenn anders wir nicht auf jede Erkenntnis verzichten wollen, die immer aufs Ganze geht. Auch in der heutigen Zeit und gerade in ihr muß der Gelehrte darum ringen, ein ganzer Mensch zu bleiben. Er darf nicht nur Gelehrter und vor allem nicht nur Fachgelehrter sein, weil er sonst ein arm Ding werden würde, um ein berühmtes Wort, das Martin Luther auf uns Juristen geprägt hat, auf ihn anzuwenden. Nur wer ganz ist, erkennt Ganzes, nur wer wirklich ist, hat die Wirklichkeit, die nur zu dem spricht, der sie hören will und kann. Nur dem Ursprünglichen tut sich der Ursprung auf.

Hören wir aber darauf, was uns die Wirklichkeit sagt und zu sagen hat, so wird uns deutlich, welcher tiefe Sinn darin verborgen liegt, daß uns der heute so einseitig verketzerte Historismus die Geschichtswissenschaft als Geschichtsforschung bezeichnen läßt. Es ist dieselbe ihn in hohem Maße ehrende Demut, die in dem Worte Geschichtsschreibung anklingt. Wir sind Geschichtsforscher und, wenn wir mehr sind, Geschichtsschreiber, Schreiber einer Stimme aus dem Jenseits. Jenseits der Forschung und des Erforschlichen und doch erkennbar dehnt sich das Reich der Wirklichkeit und Wahrheit, jenseits der Daten und der Fakten und doch in ihnen enthalten ist die Geschichte, die aus ihnen zu uns spricht, jenseits und doch zugleich diesseits, womit wir uns auf dem Boden der Metaphysik befinden, auf dem wir uns befanden mit jedem Worte, das wir bisher gesagt haben.

Wahrlich die Sprache, die uns dies alles sagen und dadurch erkennen lehrt, ist mehr als sie zu sein scheint, weshalb man sie nicht unterschätzen sollte, was vielleicht verhängnisvoller wäre als das Gegenteil. Wie die Geschichtsforschung über sich hinaus auf die Geschichtsschreibung und die Geschichtsschreibung über sich hinaus auf die Metaphysik verweist, also bleibt auch die Sprache nicht bei sich selber stehen. Indem sie uns Geschichtsforschung und Geschichtsschreibung unterscheiden und uns von Rechtserkenntnis reden läßt, macht sie uns offenbar, wenn wir es hören wollen, was in und hinter ihr ist, bezeugt sie sich als die Philosophin und Metaphysikerin, die sie ist. Wer Wirklichkeit und Wahrheit, Einheit und Ganzheit, die unerforschlich sind, im Erforschlichen erkennen will, muß die Sprache befragen, die es uns sagt. In der Sprache, die ihr Ausdruck ist, sprechen sie sich aus, geben sie sich uns zu erkennen, offenbaren sie sich, offenbaren auch wir uns. So wie wir sprechen, so sind wir. Die Sprache verrät uns, sie sagt, wes Geistes Kind wir sind, Völker und Einzelne. Der vielberufene, gepriesene und totgesagte »Volksgeist« verwirklicht sich in seiner Sprache, wo ihn ein jeder hören und vernehmen kann. Der Geist des deutschen Volkes ist seine Sprache im vollen und tiefen Sinne aller seiner Äußerungen.

Denn die Sprache ist nicht nur Sprache, als das äußerliche Kleid, das wir der Wirklichkeit überwerfen, wie es uns gefällt, sondern sie ist, eben weil sie Sprache ist, auch mehr als Sprache, indem sie ausspricht, nämlich einen Sinn ausspricht, was sie mehr oder weniger vollkommen tut. Sie ist die Aussprache, die uns zugekehrte Seite der Wirklichkeit, wodurch wir sie und ihren Sinn vernehmen. Sprache als Einheit, Ganzheit und Ursprünglichkeit ist sinnvoll oder sie hat keine Existenz, weil sie unverständlich wäre. Sie ist des Sinnes voll, den sie eröffnet, weshalb wir sie auch nicht nach unserm Sinn machen und machen können. Sprache wird nicht »gemacht«, weil der Sinn, den sie ausspricht, kein Machwerk ist. Nicht die Sprache kann man machen, sondern höchstens eine Sprache, die man auf die Sprache bezieht, indem man sie übersetzt. Insofern sind alle Sprachen, die wir haben, die geschaffenen wie die gemachten, die natürlichen wie die künstlichen, soweit es solche gibt, Übersetzungen dieser einen hinter ihnen stehenden Ursprache im Sinne Jacob Böhmes und Goethes, wovon Ferdinand Weinhandl in seiner »Gestaltanalyse« so lichtvoll handelt, die nur von der Wirklichkeit gesprochen, aber von uns in unserer Sprache verstanden wird, wie bei der Ausgießung des heiligen Geistes beim Pfingstfest. Das Pfingstwunder ist nicht ein einmaliges geschichtliches Ereignis, sondern das ewige Wunder des Erkennens überhaupt, das sich immer und allerorten wiederholt, wo es auch sei. Wir hören alle die Wirklichkeit, die ihre Sprache spricht, in unsern Zungen reden, ein jeder wie er ist, was das Geheimnis der Muttersprache ist.

In der Muttersprache verstehen wir die Wirklichkeit und ihre Sprache am besten, weil wir in ihr am besten denken, wie sie in uns. In der Muttersprache macht die Übersetzung der Ursprache am wenigsten Schwierigkeiten, obwohl sie auch hier vorhanden sind. Aber wie dem auch sei, ohne Sprache kann man überhaupt nicht denken, weil alles Gedachte, wenigstens bis zu einem gewissen Grade, wie wir noch sehen werden, sprechbar sein muß, wenn es einen verstehbaren Sinn haben will. Wenn man »sprachlos« ist, ist es nicht nur mit der Sprache, sondern auch mit dem Denken aus. Wer denkt, ist keineswegs sprachlos, wohl aber schweigsam, weil er mit sich selber spricht, wobei ihn die andern stören könnten. Denken heißt, Zwiesprache mit sich selber halten, in welcher Sprache es auch sei, indem man sich besinnt. Unmittelbarkeit will vermittelt, Erlebnis erkannt, Erkenntnis verstanden sein.

Darum heißt die Wirklichkeit bedenken und durchdenken, wodurch man sie erkennt, ihre Sprache bedenken und durchdenken, sich darauf besinnen, was sie meint, wobei die Muttersprache der Ausgang ist. Nicht wer die Muttersprache zerschlägt und zerdenkt, erkennt die Wirklichkeit, die sie meint, sondern, wer sich in sie hineindenkt, womit er sie durchschaut und über sie hinausgelangt. Sprache ist Symbolik, Verkörperung, Versinnlichung. Sie macht den Sinn den Sinnen offenbar; und wenn sie sinnlich, dinglich oder raumzeitlich redet, was ihr von denen, die es besser wissen, zum Vorwurf gemacht wird, so weiß sie, was sie tut. Der Sinn muß »sinnlich« reden, wenn wir mit unsern Sinnen ihn vernehmen sollen. Er wäre sinnlos, wenn er nicht auch sinnlich werden könnte, weshalb ihn auch die Sprache nicht erst dazu macht. Der Sinn muß die Möglichkeit zur Sinnlichkeit in sich tragen, da wir ihn sonst nicht vernehmen könnten. Ein unvernehmbarer Sinn wäre eine unvernehmbare Vernunft und damit Unvernunft. Mit einem Wort: der Sinn muß auch »Substanz« haben, was uns die Sprache in ihrer stillen Weise zu bedenken gibt, wenn sie »sinnlich« redet, damit wir in dem nicht unberechtigten Kampfe gegen den »Substanzbegriff« das

Kind nicht mit dem Bade ausschütten. Es gibt »Substanz« im guten und im schlechten Sinne.

Wer also hinter die Dinge kommen will, muß hinter ihre Sprache kommen, muß sie durchdringen, weil sie sich in ihr aussprechen. Einen andern Weg und Zugang haben wir zu ihnen nicht, wie schon Wilhelm von Humboldt großartig hervorgehoben hat. Wer die Sprache Wort für Wort in ihrer ganzen Tiefe und Schwere, in ihrem vollen Gehalt nimmt und durchdenkt, hat die Wirklichkeit, auf die sie weist, in seiner Hand. Wirklichkeitserkenntnis und damit Metaphysik ist in diesem Sinne Sprachphilosophie. Denn wie die Sprache nicht nur Sprache ist, also ist auch die Sprachphilosophie, wenn man es recht versteht, nicht nur Sprachphilosophie. Wirklichkeitserkenntnis ist Auslegung oder Interpretation der Sprache und Sprachen der Wirklichkeit, ist Hermeneutik, um einen in der Philosophie der Gegenwart viel gebrauchten, der Sprachwissenschaft entnommenen Ausdruck zu verwenden.

Damit hängt zusammen, was einmal ausgesprochen werden muß, daß Forscher und Denker, Gelehrte und Metaphysiker sich oft so schwer verstehen, was zu sehr schmerzlichen Reibungen führen kann und führt in den philosophisch-historischen Einzelwissenschaften, wie die Jurisprudenz eine ist. Sie verstehen sich so schlecht, weil sie eine verschiedene Sprache reden, auch wenn sie in denselben Worten sprechen. Beide »vermitteln«, wenn sie sprechen, und zwar Unmittelbares im Mittelbaren, jedoch so, daß dort das eine, hier das andere den Ton des Ganzen trägt. Wenn der Denker redet, so weiß er, was er sagt; wenn der Forscher redet, so sagt er, was er weiß, was nicht nur ein Wortspiel, sondern eine grundsätzliche Verschiedenheit des Sprachgebrauchs bedeutet, den man mit Gunther Ipsen [1]) dort als Sonder- und hier als Gemeinsprache bezeichnen kann. Der Denker weiß, was er sagt, er weiß um seine Worte, um ihre ganze Wucht und Schwere, da sie für ihn die Wirklichkeit bedeuten. Die Worte der Metaphysik sind schwer, weil und soweit sie gehaltvoll sind.

Die Worte der Forschung und Wissenschaft dagegen sind dies nicht. Sie sind nicht gehaltvoll, wohl aber inhaltsreich, was ein ganz anderes ist. Dort geht es um das Ganze, hier um das

[1]) Blätter für Deutsche Philosophie Bd. IV. 1930.

Einzelne, dort um die »Substanz«, hier um die »Funktion«, dort um die Idee, hier um die Erscheinung, was man unterscheiden muß, nicht aber zerreißen darf. Wenn der Forscher redet, so sagt er, was er weiß. Er übermittelt Wissen, nämlich Wissensstoff, und zwar in Worten, die »als solche« keine Bedeutung für ihn haben. Auf den Inhalt, nicht auf die Worte kommt es ihm an. Die Worte sind ihm nur die Hülle oder Schale ihrer Inhalte. Als solche sind sie hohl und leer, sie sagen ihm nichts. Der Gebrauch hat sie verbraucht, entleert und abgeschliffen, entwertet und entehrt. Sie haben keinen Gehalt. Sie sind zum Mittel oder Werkzeug herabgewürdigt. Sie haben keine Substanz, sie sind nicht Sinnbilder, nicht Symbol. Darum kennt er die Worte, in denen er spricht, nicht in ihrer ganzen Schwere; sie sind ihm Nebensache. Er denkt nicht darüber nach. Er braucht sie ohne besondere Überlegung. Wollte er jedes seiner Worte besonders überlegen, so käme er nicht weit. Er würde zum Denker, dessen Beruf es ist, zu wissen, was er sagt. Der Denker spricht nicht anders wie seine Hörer, sollte es wenigstens nicht, damit er von jedem, der es hören will, verstanden werden kann. Der Denker spricht alltäglich und nicht wie ein Gelehrter in Fachausdrücken und termini technici, weil er die Sprache aller spricht. Er spricht nicht nur für Fachgenossen und nicht als »Techniker«, er spricht die schlichte Sprache aller, nicht eine besondere und verzwickte Kunstsprache, wenn man genauer hinhört. Der Denker spricht »für alle«, die wir alle denken, wer wir auch sind. Aber er spricht die Sprache wirklich, während die andern sie für sich sprechen lassen. Er denkt in seiner Sprache und läßt sie nicht für sich denken. Und er kann sich das leisten, weil er weniger übermittelt, als vielmehr vermittelt. Der Denker übermittelt nicht wie der Forscher, sondern er klärt auf. Er klärt das auf, was alle wissen oder wenigstens wissen könnten, wenn sie darüber nachdächten. Er legt das Wissen aus, indem er seine Sprache auslegt. Er sagt, was es bedeutet, er redet von seinem Sinn. Er redet langsam und nachdenklich, da es ihm auf jedes Wort ankommt, und was er sagt, erhält in seinem Munde seine alte, ursprüngliche Kraft und Fülle zurück, die es im Verkehr eingebüßt hat. Er redet besinnlich und bedächtig, in Gleichnissen und Bildern, die er deutet, und, wenn er schreibt, müßte er eigentlich jedes wesentliche Wort in Anführungszeichen setzen, weil und soweit es das bedeutet, was es wirklich sagt. Es will für voll genommen werden in seinem Sinn, der sein Gehalt und nicht sein Inhalt ist.

Der Denker denkt und redet »gebildet«, d. h. formal, was nicht formalistisch, der Forscher forscht und redet »gelehrt«, d. h. material, was nicht materialistisch bedeutet, wohl aber bedeuten kann. Denker werden leicht formalistisch und Forscher leicht materialistisch, wenn sie sich endgültig scheiden und nicht in der Einheit der Erkenntnis zusammenfinden, wodurch sie die vorläufige Einseitigkeit ihres Ausgangs überwinden. Es gibt einen guten und einen schlechten Formalismus und Materialismus, je nachdem, ob er sich in das Ganze eingliedert, das wir Metaphysik nennen. In der Metaphysik ist die Einseitigkeit des bloßen Denkens, die Logik, und die Einseitigkeit des bloßen Forschens, die »Wissenschaft«, aufgehoben und überwunden. In ihr sind Apriorismus und Empirismus versöhnt, weshalb die Erkenntniskritik in Wirklichkeit und Wahrheit Metaphysik bedeutet und bedeuten muß, weil sonst der Formalismus und seine Einseitigkeit das letzte Wort behielten.

Somit macht der Metaphysiker die Sprache durchsichtig wie ein Transparent, so daß die Wirklichkeit, die in ihr ist, hindurchschimmert, weshalb er in Gleichnissen redet. Er läßt ihr Licht leuchten, ihre Wahrheit und ihre Weisheit. Er redet ursprünglich, weil er den Ursprung sehen läßt. Er redet unmittelbar, auch wenn und gerade weil er vermittelt. Er redet nicht »traditionell«. Er sagt nichts »Neues« wie die Forscher. Darum hören die Forscher meistens so wenig hin, wenn die Denker reden, und behandeln sie leicht mit Geringschätzung. Es langweilt sie. Sie wissen schon alles oder würden es wissen, wenn sie Zeit genug hätten, darüber nachzudenken. Aber diese Zeit haben sie nicht, weil sie forschen und forschen müssen. Darum aber sind sie auch nicht in der Wirklichkeit, die unerforschlich, wenngleich erkennbar ist, sondern erst auf dem Wege dazu, ohne sie je ganz zu erreichen. Denn die Wirklichkeit erreichen sie erst dann, wenn sie aufhören mit dem Forschen, wenn sie sie in ihrer Ganzheit und Ursprünglichkeit auf sich wirken lassen, sie ruhig anhören und durchdenken, ohne sie durch ihre Forschung zu bedrängen und immer weiter und weiter zu zersetzen. Je mehr wir die Wirklichkeit erforschen wollen, um so mehr weicht sie vor uns zurück, bis wir den Rückzug in unser Inneres und damit in ihr Inneres antreten. Wenn der Forscher seine Bücher und Mappen und zuletzt sogar seine Augen schließt, um über das Erforschte nachzudenken, dann und nur dann erfährt und erkennt er, »erlebt« er die Wirklichkeit in ihm, um die es ihm geht. Wirklichkeitserkenntnis heißt Sinnverständnis und gar nichts anderes, heißt Interpretation einer Offenbarung.

II.

Hat somit diese in der Gegenwart viel verhandelte Philosophie der Hermeneutik, die namentlich in Martin Heidegger einen ungewöhnlich erfolgreichen Vertreter gefunden hat, ihr gutes Recht, weshalb nicht darüber geurteilt werden soll, ob sie so unerhört neu ist, wie viele ihrer Anhänger behaupten, so mag an dieser Stelle statt dessen um so nachdrücklicher betont werden, daß sie recht eigentlich die Philosophie derjenigen Jurisprudenz bedeutet, deren hervorragende und verdienstvolle Förderer gerade wir in Tübingen dankbar zu ehren allen Grund haben. Denn die »Interessenjurisprudenz«, die zu einem großen Teil das Lebenswerk von Philipp Heck und Max Rümelin ausmacht [1]), ist gar nichts anderes als die Auslegung einer Rechtswirklichkeit aus ihrem Sinn. Auch sie ist Hermeneutik, Lehre von der Interpretation des Rechtslebens aus »seinem« Recht. Im Grunde unseres Herzens sind wir alle »Interessenjuristen«, mögen wir uns so oder lieber anders nennen, wollen es wenigstens sein, so gewiß wir darum ringen, in Wirklichkeit und Wahrheit für Recht zu erkennen, auch wenn wir dabei, der eine mehr, der andere weniger, gelegentlich in alte Sünden, d. h. in lebensfremde Abstraktionen, zurückverfallen. Ursprünglichkeit ist die Ehre und der Ehrgeiz jedes Juristen, der lebensvoll und nicht »am grünen Tisch« entscheiden oder judizieren will.

Wie der Philosoph die Wirklichkeit befragt, daß sie sich selber über sich ausspreche, ohne sie mit vorgefaßten und darum abstrakten, ihr fremden Begriffen zu überziehen und zu vergewaltigen, wie er sie liebe- und verständnisvoll abtastet und abhorcht, daß ihm nichts von ihren Äußerungen entgehe, also will auch der »Interessenjurist« nicht von außen, sondern von

---

[1]) Vgl. jetzt darüber die schöne Darstellung bei Heinrich Stoll in der eingangs erwähnten Festgabe, auf die ich hier ein für allemal Bezug nehme.

innen her entwickeln und entfalten, was in jedem Falle Rechtens sei, mag es sich dabei um einen wirklichen oder einen möglichen Fall, um eine Erörterung de lege lata oder de lege ferenda handeln. Auch er will eine individuelle und konkrete Erkenntnis, auch er und gerade er will einem jeden das Seine geben, weshalb er sich mit vollem Recht und durchschlagendem Erfolg gegen eine generelle und abstrakte, formale Begrifflichkeit zur Wehr gesetzt hat. Auch sein Verfahren, was ich bisher noch nicht so klar gesehen habe, ist letztlich »Sprachphilosophie« in dem oben entwickelten Sinne. Auch der Interessenjurist ist letztlich Metaphysiker, selbst wenn er es nicht wissen oder sogar bestreiten sollte, so gewiß es ihm um die Wirklichkeit und ihre Erkenntnis und um den Sinn und sein Verständnis geht, so gewiß er vor allem an die Gerechtigkeit glaubt, die unerforschlich und nicht erdenkbar, wenngleich erkennbar ist.

Jurisprudenz ist metaphysisch, d. h. »ursprünglich«, weil und soweit sie aufs Ganze geht. Sie geht aufs Ganze der Welt im Zeichen der Gerechtigkeit, da die Welt des Rechts nichts anderes ist als die Welt im Recht. Darum sollte man eigentlich nicht davon reden, daß das Recht dem Leben und der Welt diene, wie man immer sagt. Das Recht dient nur sich selbst, weil es selbst die Welt, weil es das Leben im Zeichen der Gerechtigkeit ist. Sub specie iuris sieht der Jurist die Welt, und zwar die ganze Welt. Er kennt die ganze Welt, es ist ihm nichts verborgen, auch wenn er sie nur »auf das Recht hin« sieht, das seine Welt ist. Rechtserkenntnis ist Welterkenntnis in ihrer ganzen Fülle trotz aller »Einseitigkeit«, was schon die Römer wußten und in Dig. 1, 1 fr. 10 § 2 (Ulpianus) manchem von uns sagen, der es vergessen hat. Der »Zweck im Recht«, um mit Rudolf von Ihering zu reden, ist nicht der ganze Sinn des Rechts und nicht das Wesentliche für die Jurisprudenz, die deshalb nur insoweit »teleologisch« ist, als sie es metaphysisch meint. Für Recht erkennen heißt nicht nur, für zweckmäßig halten, sondern, was darüber hinaus geht und eine tiefere Schicht des Lebens anrührt, im Namen der Gerechtigkeit sprechen, mag man es de lege ferenda oder de lege lata, gebunden oder ungebunden, kritisch oder »dogmatisch» tun.

Darum ist die Interessenjurisprudenz, wenn sie sich in ihrer ganzen Tiefe versteht, nicht nur Interessenforschung, auch nicht Gerechtigkeitsforschung, die es nicht gibt und geben kann, wogegen sich schon die Sprache auflehnt, sondern vielmehr Gerechtigkeitserkenntnis, was ein Höheres und Größeres bedeutet, das den ganzen Menschen angeht. Zweckmäßigkeitserwägungen anstellen, über den Zweck von Normen und Gesetzen nachdenken, ist letztlich eine Angelegenheit des rechnenden und prüfenden Verstandes, man mag es drehen und wenden, wie man will. Teleologie, wenn sie nicht Metaphysik ist, was ihre letzte und volle Bedeutung ist, verbleibt im Rationalen, ohne auch des Irrationalen, das dazu gehört, dabei zu gedenken. Sie spricht nicht aus dem ganzen Menschen zu dem ganzen Menschen, sie läßt das »Gemüt«, den Inbegriff aller Seelenkräfte, das Beste und das Tiefste, was wir Menschen in uns tragen, nicht voll zu Worte kommen. Wer auf die Sprache etwas gibt, wird das sofort heraushören und herausfühlen. Es macht einen Unterschied, ob ich vom Zweck oder vom Sinn des Rechtes und seiner Normen rede, obwohl es scheinbar ganz dasselbe bedeutet. Der Zweck klingt dünn und äußerlich und ist es auch. Verstand und Klugheit führen hier das Wort. Der Zweck ist »herzlos«. Im Sinn dagegen, weil man ihm nachsinnen kann und nachsinnen muß mit allen Seelenkräften, die man hat, kommt auch das Herz und das Gemüt zur Geltung, den Willen dabei nicht zu vergessen, der dann das letzte Wort dabei zu sprechen hat, weil er ent-scheidet.

In diesem vollen Sinne will die Interessenjurisprudenz »für Recht erkennen«, de lege lata oder de lege ferenda, theoretisch oder praktisch, was ihr eine Einheit in der Zweiheit ist. Sie will das Rechte, das sie in der Praxis findet, und das Recht, das sie in der Theorie lehrt, nicht erklügeln und nicht erschleichen mit den Schlichen einer blassen Logik formaler Denkbarkeit, sie will es nicht errechnen und erdenken mit der Überklugheit verständiger Betrachtungen, sondern sie will ihm in das Antlitz schauen, von Angesicht zu Angesicht, weil sie an das Gerechte glaubt. Denn ohne diesen Glauben an die Gerechtigkeit, die wir nicht erforschen und nicht erdenken, wohl aber erkennen, weil wir sie keimhaft in uns tragen in der Tiefe unserer Seele, auf dem Grunde unserer Herzen, weil wir sie unentwickelt und gleichsam in uns schlummernd »mitbringen«, wenn wir an unsere Arbeit gehen, hätte sie es nicht wagen können, gegen die formale Logik und die mit ihr verbundene falsche »Begriffsjurisprudenz« aufzutreten. Es gibt kein Wort, das uns Juristen mehr anginge und nachdenklicher stimmen könnte, als der kraftvolle und glaubensstarke Ausspruch, den die Königin Luise über Napoleon dahin tat: »Fest und ruhig ist nur allein Wahrheit und Gerechtigkeit, und er ist nur politisch, d. h. klug, und er richtet sich nicht nach ewigen Gesetzen, sondern nach Umständen, wie sie nun eben sind.«

Wir kennen diese »Klugheit« auch in der Jurisprudenz, aber wir wissen ebenso: nur wer die Stimme der Gerechtigkeit hört und ihr vertraut, erkennt das Recht im Leben und das Leben im Recht, nur er hat die formale Logik, durch die auch er hindurch muß, überwunden. Nur im Denken verwandelt sich der Glaube in Erkenntnis. Aber nur wer gerecht ist, kann im Denken für Recht erkennen. Gerechtigkeit kann man nicht eigentlich lehren und nicht lernen, sondern höchstens pflegen und entwickeln, weil sie ursprünglich ist. Auch hier ruht die Erkenntnis in der Glaubensfähigkeit und Glaubenskraft der Person, die sie erstrebt. Jurisprudenz ist nur dann sachlich, wenn sie zugleich persönlich ist, und umgekehrt. Auch hier ist die Erkenntnis der durch das Denken geläuterte Glaube, womit eine vage und gedankenlose »Gefühlsjurisprudenz« ausdrücklich und entschieden abgelehnt wird. Der ganze Mensch erkennt für Recht, nicht nur sein Verstand und nicht nur sein Gefühl allein, vom Willen, der dazu gehört, ganz zu schweigen, der dann zuletzt ent-scheidet, was ein Willensakt ist. Mit der »kognitiven Phantasie« ist die »volitive« zugleich gesetzt, um in der Sprache Heinrich Maiers zu reden, was ich besonders Heinrich Stoll zu bedenken gebe, der diese Unterscheidung bei mir vermißt. Wir reden doch nun einmal von »Rechtserkenntnis« und nicht von »Rechtswollen«, wenn wir vom Richteramte reden, was schöpferische Tat bedeutet wie bei jeder Erkenntnis, auch bei der wissenschaftlichen. Und selbst beim Gesetzgeber ist es nicht wesentlich anders, dessen »Wille« nicht schrankenlose Willkür, sondern Freiheit bedeutet. Wir dürfen nicht Gesetzgebung und Rechtsprechung, Rechtspraxis und Rechtstheorie, Wollen und Denken auseinanderreißen, als hätten sie keinen inneren Zusammenhang. Daß wir sie unterscheiden können, was wir müssen, hat gerade darin seinen Grund, daß sie »im Grunde« eine Einheit bilden. Und diese Einheit ist schlechterdings die Seele der Jurisprudenz, die ebensosehr »praktisch« und damit »volitiv« wie »theoretisch« und damit »kognitiv«

ist, wie wir noch näher sehen werden, wenn wir auf ihren »dogmatischen« Charakter zu sprechen kommen. Wie dem aber auch sei, in jedem Falle sind die Juristen »mit dem guten Herzen« ebenso gefährlich wie die reinen Verstandesjuristen und die Juristen mit dem »blinden« Wollen, weil sie allesamt einseitig sind. Nur wer glaubt, erkennt, in Theorie und Praxis. Glaube aber ist denkender Glaube oder er ist überhaupt kein Glaube, sondern ein gedankenloses Träumen, das nicht von der Stelle kommt. Glaube ist Einheit von Kopf und Herz und Hand, von Verstand, Gefühl und Wille, weil er die »Existenz« des Menschen in seiner Ganzheit, in seiner Welt bedeutet.

Denn alle Welt ist meine Welt und bleibt es, auch wenn ich mich mit ihr denkend »auseinandersetze«, womit ich sie vergegenständliche und objektiviere; und alles, was vorhanden ist, ist es nur deshalb, weil es für mich vorhanden ist, indem es vor meiner Hand liegt, daß ich es ergreifen und begreifen kann. Insofern sind alle Urteile, die ich darüber fälle, durch Denken geläuterte Vorurteile, wodurch sie ebensosehr berichtigt als bestätigt und verworfen werden. Nicht wer von Vorurteilen ausgeht, sondern bei ihnen kritiklos stehen bleibt, ist verwerflich. Nicht wer glaubt, sondern gedankenlos glaubt, ist ein Dogmatiker im schlechten Sinn. Denn im guten Sinne sind wir alle Dogmatiker, so gewiß wir alle von dem Glauben an die Wahrheit und die Wirklichkeit leben, die wir denkend erkennen. Wahrheit läßt sich nicht »erdenken« und Gerechtigkeit nicht durch Kritik »erfinden«. Alle Kritik setzt etwas voraus, das sie kritisiert. Sie ist das zweite und nicht das erste in unserm Dasein, weshalb ausgesprochen »kritische« Menschen zumeist mit Unfruchtbarkeit geschlagen sind. Sie brauchen die »Dogmatiker«, um sie zu kritisieren, und sollten froh sein, daß sie sie haben. Der dunkle Drang, der sich des rechten Weges wohl bewußt ist, er ist das Dogma und das Vorurteil, die ich hier meine; und was wir Dogmatik und Methodenlehre nennen, ist nur die Klärung oder »Vermittlung« dieses dunklen Dranges und unbewußten Glaubens, weshalb man sie, wenn man es recht versteht, als die »Kritik des Herzens« bezeichnen könnte.

Jeder trägt seine Welt in sich und mit sich, da man nur dadurch ist, daß man eine Welt hat, in der man »existiert«, die einem allmählich in ihrem vollen Gehalt aufgeht, was man Erkenntnis nennt. Wachsen und zunehmen heißt, in der Erkenntnis wachsen und zunehmen, die mit uns und unserer Existenz der Möglichkeit nach gesetzt ist. Mein Sein, mein Wesen ist meine Welt, die ich habe, weil ich zu ihr geboren bin. In diesem Sinne ist jeder Mensch, insofern er ein solcher ist, zum Recht und seiner Welt geboren, wie auch das Recht mit ihm geboren ist. Das Recht ist ein gemeines Gut, es lebt in jedem Erdensohne, es quillt in uns wie Herzensblut, um mit Ludwig Uhland, dem Sohne unserer Stadt, zu reden. Implizit, der Anlage nach sind wir alle mehr oder weniger zum Juristen geboren. Denn wäre es anders, keiner von uns könnte ein solcher wirklich werden. Wir nehmen das Recht in uns auf, weil und soweit wir aufnahmefähig und in diesem Sinne »rechtsfähig« sind. Das Recht ist in uns, weil wir im Recht, weil wir in einer Umwelt sind, deren Luft wir ein- und ausatmen, ob wir es wissen und wollen oder nicht. Wir sind mit unserer Welt und unserm Recht »verwachsen«, d. h. konkret und nicht abstrakt in ihr und ihm, was erst durch unser Denken, unsere »Auseinandersetzung« mit ihr und ihm zustande kommt. Kein Ich ist außerhalb der Welt, die es erkennt, weshalb alle Erkenntnis im Grunde Selbsterkenntnis ist. Wir sind kein leeres, weltentrücktes Ich, sondern ein welterfülltes, d. h. geschichtliches Ich. Wir sind kein Punkt im Kreise unserer »Umwelt«, sondern diese Umwelt selbst, die immer »unsere« Umwelt ist, indem und soweit wir sie in uns »aufnehmen«.

Daher ist auch nur der in Wirklichkeit und Wahrheit ein Jurist, der mehr als ein Jurist im Sinne eines Schriftgelehrten ist, weil er ein mit Gerechtigkeitssinn begabter und zur Gerechtigkeit entschlossener Mensch ist. Nur der »geborene« Jurist erfüllt ganz seinen Beruf, wo es auch sei, als Praktiker und Theoretiker, als Gesetzgeber und Richter, als Anwalt und Regierungsrat. Denn überall, dort mehr, dort weniger, dort frei, dort gebunden, handelt es sich für ihn darum, für Recht zu erkennen, was von innen nach außen und damit aus dem Urgrund unserer »Existenz« heraus geschieht. Die formale Logik ist ihm dabei ebenso unentbehrlich wie die materiale Wissenschaft von den Rechtstatsachen. Aber sie beide sind nicht das wesentliche und jedenfalls nicht das Ganze seines Berufs. Sie sind, wenn man es unterscheidet, das zweite und nicht das erste in seinem Werk. Sie sind sein Handwerkszeug und Material, die stets das zweite sind für jeden, dem ein Werk aufgegeben ist. Wer Handwerkszeug gebrauchen und einen Stoff damit gestalten will, muß etwas, und zwar das Beste dazu mitbringen, nämlich seine Kraft und seine Kunst, seine Begabung und seine Schulung. Er muß einen Blick dafür haben und gewinnen, wie er es führen soll und was er damit leisten kann an dem ihm anvertrauten Stoff. Der Blick, die Anschauung, die »Intuition«, wie wir es nennen, sie sind das erste und das wesentliche, das ursprüngliche, auch beim Juristen. Sie sind dem Denken und dem Forschen vor- und mitgegeben, sie sind sein besseres Ich, auf das es hören muß, wenn es zum Ziele kommen und nicht auf Abwege geraten will. Sie sind der Takt, der Rhythmus, die Seele seines Handelns.

Denn alle Erkenntnis, auch die Rechtserkenntnis, ist bewährter Glaube, der das Fegefeuer des Denkens und Forschens, die ihn geläutert haben, siegreich überstanden hat. Im Grunde »ahnt« jeder Jurist, wie immer mehr anerkannt wird, seine Entscheidungen in Theorie und Praxis mehr oder weniger deutlich voraus, je mehr er sich im Denken und im Forschen seinem Endziel nähert. Denn er erkennt, wenn er ein wirklicher Jurist und nicht nur Schriftgelehrter ist, nicht eigentlich aus Gesetz- und Lehrbüchern und damit aus der Überlieferung heraus für Recht, sondern vielmehr aus der Ganzheit seiner Existenz, wozu auch seine Gelehrsamkeit und sein Bewußtsein von der Überlieferung gehören und gehören müssen, wenn sie nicht toter Ballast sein wollen. In seiner Wirklichkeit erkennt er die Wirklichkeit, so gewiß er sich mit ihr denkend »auseinandersetzt«, wie uns die Sprache sagen läßt. Erst im Denken unterscheiden wir die ursprüngliche Ganzheit und Einheit der Welt in die subjektive und die objektive Welt, was die Erkenntnis wieder überwindet, die zur Ursprünglichkeit und Ganzheit und damit zur Wirklichkeit in ihrer ungeteilten Lebendigkeit zurückkehrt.

Darum ist die Jurisprudenz Wirklichkeitslehre des Rechtes und des Rechten und insofern Metaphysik. Sie ist ihrem Wesen nach Rechtserkenntnis, nicht nur Rechtslogik und auch nicht nur Rechtsforschung, wie sie sich manchmal nennt, weil sie außer den Daten und Fakten, in denen sie das Recht und Rechte im denkenden Glauben, in einer kritischen Dogmatik erkennt, gar nichts zu forschen hat. In der Jurisprudenz im strengen Sinne, in der sogenannten »Dogmatik« oder »Glaubenslehre«, die die Königin aller juristischen Wissenschaften ist, weil sie die Rechtswissenschaft in ihrem spezifischen Sinne ist, ist die Erforschung der Daten und Fakten eine untergeordnete, wenngleich unentbehrliche und lebensnotwendige Vorarbeit. »Rechtstatsachenforschung«, so wertvoll sie ist wie jede andere Geschichtsforschung, die sie ist, ist keine Rechtserkenntnis und insofern noch nicht Dogmatik. Wo sie aufhört, fängt die Dogmatik an, die in den erforschten Einzelheiten das Ganze und damit das Recht und Rechte erkennt, wenn und soweit sie mit dem Blick dafür begabt, d. h. begnadet ist.

Wenn also der dogmatische Jurist sich »Rechtsforscher« nennt, wozu er manchmal Lust verspürt, so hängt er sich ein Mäntelchen um, das ihm nicht steht. Ja, um es offen herauszusagen, er degradiert sich geradezu, steigt herab von der Höhe der Erkenntnis, die ihm ziemt, in die Niederungen der Forschung, die seiner Arbeit voranzugehen hat. Rechtsforschung ist Positivismus, wie die Geschichtsforschung Historismus, womit gegen ihren bedingten Wert und ihre unbedingte Notwendigkeit nicht das geringste gesagt werden soll, ohne daß übersehen werden darf, daß die Rede vom Juristen als Rechtsforscher nur in einem positivistischen Zeitalter aufkommen konnte, dem die Wissenschaft wesentlich Forschung war. In einem positivistischen Zeitalter wird die Theologie aus Gotteserkenntnis Kirchengeschichtsforschung, die Jurisprudenz aus Rechtserkenntnis Rechtsforschung und die Medizin aus einer Heilkunde Naturforschung, weil sie nur so glauben, als Wissenschaften sich behaupten zu können und von der Natur- und Geschichtsforschung für voll genommen zu werden, während sie doch wissen sollten, daß sie deren unendliche Vorarbeit vollenden, weshalb sie auch insofern heute noch die drei »oberen« Fakultäten bedeuten und zu bedeuten für sich in Anspruch nehmen können, was die »Artistenfakultät« nur dann, aber auch dann aufholt, wenn sie sich in ihrer Ganzheit als »die philosophische Fakultät« fühlt, die mit dem königlichen Namen, den sie trägt, Ernst macht. Es ist der rationalistische Wissenschaftsbegriff der Aufklärung, der die Theologen, Juristen und Mediziner nur als Geschichts- und Naturforscher in die Akademien der Wissenschaften einziehen läßt, worauf sich manche von ihnen noch etwas Besonderes zugute tun vor ihren »unwissenschaftlichen« Kollegen.

Freilich, der dogmatische Jurist und damit der Jurist schlechthin — und von dem Theologen und dem Mediziner dürfte mutatis mutandis dasselbe gelten — ist seinem Wesen nach in der Tat nicht so sehr Forscher als vielmehr Denker, wofern man diese wohlbegründete und grundsätzliche Unterscheidung, ohne ihre innere Einheit zu übersehen, nicht einfach streichen will. Was er treibt, ist »Exegese«, Exegese dessen, was geschrieben steht oder stehen sollte für diesen einen wirklichen Fall, der vor ihm liegt, aber auch für alle möglichen Fälle, soweit er sie schon übersieht und übersehen kann. Und zwar ist es die Exegese des Denkers und nicht des Forschers, die er betreibt, was von grundsätzlicher Bedeutung ist. Es ist »schöpferische« Exegese, die von dem Ganzen zum Ganzen geht, wodurch sie das »ergänzt«, was fehlt. Ihr ist »die Schrift« das Ganze, nicht nur ein Bruchstück, nicht nur ein Datum oder Faktum, weshalb sie nicht nur die Vergangenheit, sondern auch die Zukunft und damit Gegenwart bedeutet, weil sie das Ganze ist. Sie sucht den ewig gegenwärtigen, den unerschöpflichen Sinn der Überlieferung und nicht nur die vergangene und abgeschlossene Überlieferung des Sinns, was eine andere Exegese, nämlich die des Forschers tut. Der Forscher forscht nach der Überlieferung des Sinns, der Denker bedenkt den Sinn der Überlieferung, was sich unterscheiden läßt, so gewiß es in seinem letzten Grunde zusammenhängt. Dem Denker ist die Überlieferung Symbol und Sinnbild, weil sie den Sinn enthält, den er bedenkt; dem Forscher ist sie ein Text und Schriftstück, weil sie ein Datum oder Faktum ist, nach dem er forscht. Jenem ist sie lebendig und darum zeitlos-zeitlich, diesem nur zeitlich und darum vergänglich. Für jenen ist sie der Sinn des Sinnes und damit absoluter Sinn, für diesen nur ein Sinn und damit relativer Sinn, wenn man den Gegensatz, der in Wirklichkeit wie jeder Gegensatz eine Einheit bildet, so scharf herausarbeiten darf. Auf diese Weise kommt es, daß wir Juristen, um das naheliegendste Beispiel zu geben, das es gibt, das Corpus juris civilis als lex zitieren, während es die Philologen als fragmentum anführen, was keine zufällige und rein äußerliche Verschiedenheit bedeutet, weil dort der Denker, hier der Forscher zum Worte kommt, was man nicht verwischen sollte, ohne daß man es übertreiben darf. Gegensätze sind dazu da, ausgesprochen zu werden, auch wenn man sie in höherer Einheit »überwindet.« Der Jurist, wenn er sein Handwerk versteht, hat seine Gesetze »im Kopfe«, er lebt und webt in ihnen, so daß er sie nur deshalb einsieht, um sein Gedächtnis aufzufrischen. Der Philolog dagegen fahndet in den Archiven und Bibliotheken nach immer neuen Texten und Handschriften, an denen er nie genug bekommen kann. Er wird nie »fertig« wie der Jurist, der mehr und mehr mit seinem einen Gesetzbuch »verwächst«, so daß er es nur immer seltener nachzuschlagen hat. So wird er mit der Zeit zum »lebenden« Gesetzbuch, das in ihm lebt, wie er in ihm, was nicht blos eine Redensart, sondern ein tiefsinniges Gleichnis ist, weil das Gesetz nur im Juristen, aber auch in ihm zeitloses Leben hat.

Darum haben die Gesetze, soweit sie Gesetze und nicht nur Texte sind, keine »Lücken«. Sie enthalten alles, was wir darin suchen, wenn wir sie mit schöpferischer Exegese lesen, wodurch wir ihren unerschöpflichen und darum zeitlos-zeitlichen, d. h. absoluten Sinn »herausbringen«, ohne ihn in äußerlicher, rein formallogischer Weise durch die berühmten Kunststücke des Schlusses per analogiam oder e contrario »unterzulegen«. In dieser schöpferischen Exegese erhalten wir die Gesetze »lebendig«, weil sie sich mit uns wandeln, auch wenn sie ihrem Wortlaut nach nicht einen einzigen Buchstaben verändern, womit wir sie dem Strome der Geschichte übergeben. Schöpferische Exegese ist wahrhaft geschichtliche Exegese, weil sie Vergangenheit und Zukunft als eine Gegenwart betrachtet. In diesem Lichte erweist die viel angefochtene Rede von der »Lückenlosigkeit der Gesetze«, die man heute ganz allgemein zum alten Eisen geworfen hat, weil man sie positivistisch und nicht metaphysisch, äußerlich und nicht innerlich genommen hat, ihren guten Sinn. Sie ist der zutreffende, wenngleich für Nichtmetaphysiker gefährliche Ausdruck dafür, daß die Gesetze »Rechtsquellen« und damit »Erscheinungsformen« des Rechtes, daß sie Symbole mit zeitloszeitlichem, d. h. »ewigem« und darum wahrhaft geschichtlichem Gehalt und nicht nur Texte, d. h. Bruchstücke oder Fragmente, sind, was eine philologische und nicht eine juristische Betrachtungsweise, die Art des Forschers und nicht des Denkers verrät. Für den Juristen gibt es keine »Fragmente«, weil er das Ganze allenthalben sucht und auch erkennt. Er ist ja selbst das »wandelnde« Gesetz und Wirklichkeit gewordene Recht. Als Texte sind die Gesetze »lückenhaft«, als Rechtsquellen sind sie es nicht, weil sie unter der Voraussetzung, unter dem Glauben oder »Dogma« stehen, daß sie, soweit sie es in Anspruch nehmen, das Recht enthalten, das in ihnen gefunden werden soll, womit sie »Geltung« erlangen. Gesetze gelten, weil sie das geltende Recht enthalten, das sie bedeuten, was man von Texten und Fragmenten niemals sagen wird. In diesem Sinne sind sie, womit der Gegensatz von Gesetz und Text »überwunden« wird, die »Bruchstücke einer großen Konfession«, so gewiß sie Texte sind, die das Recht erkennen lassen für den, der sie sich »einverleibt« hat, womit er sich zu ihnen bekennt. In meinem Kopfe wird alles vollständig und alles lückenlos, zeitlos lebendig, wenn ich genügend lange darüber nachdenke, erfolgreich nachdenke. Die Rechtserkenntnis ist eine »dogmatische«, d. h. glaubensbedingte und »persönliche« Exegese, weil sie unter dem Dogma steht, daß die Überlieferung, das Positive, einen »ewigen«, d. h. zeitlos-zeitlichen und damit geschichtlichen Sinn habe, den es zu finden gilt. Derjenige Jurist, der den Gesetzen diesen Sinn nicht abzugewinnen versteht, hat seinen Beruf verfehlt, genau so wie der Theologe, dem »die Schrift« nichts sagt, oder der Philosoph, dem die unsterblichen Werke der Dichter und Denker ein Buch mit sieben Siegeln bleiben, weil die Texte mehr oder weniger mangelhaft überliefert sind, was die Sorge der Philologen ist und bleibt.

Meint aber jemand, daß dieses alles im Grunde nichts anderes als eine Erneuerung der durch die Neuzeit »überwundenen« Scholastik wäre, so hat er gar nicht Unrecht. Die Scholastik hat ihr ewiges Recht ebenso wie ihre »Überwindung«. Jede »Dogmatik«, wo sie auch auftrete, hat in ihrem Wesen etwas von der Scholastik, weil sie eine bestimmte »Voraussetzung« macht, die sie rechtfertigen muß, aber nicht zersetzen darf, ohne sich damit aufzugeben; und was wir überwunden haben und überwinden müssen, ist nur ihre Einseitigkeit und Entartung, was wir Scholastik im schlechten Sinne nennen. Die Scholastik hat Recht, insofern sie lehrt, daß alle Erkenntnis unerforschlich ist, weil sie im Denken empfangene Offenbarung ist, aber sie hat Unrecht, insofern sie zu leicht geneigt ist, darum auf Forschung überhaupt zu verzichten, die ihr das »Material« für die Erkenntnis beschaffen muß. Forschung ist Materialbeschaffung, was viel genug ist und keineswegs verachtet werden soll und darf. Darum muß jeder Denker zugleich auch Forscher sein, da bloße »Denkung«

nur als Dichtung sinnvoll ist. Aber wie das Denken ohne Forschung in »Formalismus« entartet und entarten kann, also sollten wir uns darüber keinem Zweifel hingeben, daß es mit der Forschung ohne Denken gar nicht anders ist, indem sie in »Materialismus« zu verfallen droht. Beides ist gleich schädlich, weil nur das forschende Denken und das denkende Forschen zur Erkenntnis führen, wenn wir damit begnadet werden. Erkenntnis aber geht auf das Ewige und nicht auf das Vergängliche des Stoffes wie die Forschung. Sie überwindet dies, indem sie in der Überlieferung den »ewigen« Sinn aufzeigt. Erkenntnis ist geradezu Entmaterialisierung, Entstofflichung, so daß der Geist zu Tage tritt. In der Erkenntnis erkennt und grüßt der Geist den Geist wie einen alten Bekannten. Der Geist hat aber keine »Lücken«, auch wenn er sich sehr mangelhaft und »fragmentarisch« äußert, woran man sieht, wie »äußerlich«, wie »materiell«, wie »ungeistig« die Jurisprudenz wird, wenn sie sich als »Rechtsforschung« fühlt, die es nicht gibt. Das Recht ist unerforschlich, weil es Geist ist, und Geist kann nur erkannt werden, und zwar im Geist und in der Wahrheit, wenn er im Denken uns erscheint und aufgeht. Das Wohl und Wehe der ganzen Jurisprudenz in Theorie und Praxis hängt davon ab, daß sie einsieht, daß und warum sie nicht nur »Forschung« ist. »Implizit« weiß sie in jedem Augenblick, was Rechtens ist. Sie braucht es sich blos lange genug zu »überlegen«, was bei der »Forschung« ganz anders ist, die keine Antwort weiß, wenn ihr das »Material« es nicht erlaubt.

Aber diese Art einer dogmatisch-exegetischen Scholastik im guten Sinne, die sie dann hat, um das zur allgemeinen Beruhigung zu sagen, eignet nicht nur der Jurisprudenz und der Theologie, deren »wissenschaftliche« Minderwertigkeit unter den »Forschern« eine mehr oder weniger ausgemachte Sache ist, sondern auch, wenn wir es recht verstehen und uns einen Augenblick auf ein ganz fremdes Gebiet wagen dürfen, der Medizin, der dritten der drei »oberen« Fakultäten, wo es freilich etwas verborgener ist, weil hier dem äußeren Anschein nach nirgends etwas »geschrieben« steht, das man auslegen könnte. Dennoch ist auch die Medizin dogmatisch-exegetisch und damit »scholastisch« auf ihre Art, so gewiß sie unter der Voraussetzung und dem »Dogma« steht, daß es ein »Heil« der Menschen gäbe, womit sie über die bloße Naturforschung, die das nicht kennt, weit hinausgeht. Denn andernfalls könnte sie den Mut nicht haben, an eine »Heilbehandlung« des leidenden Menschen oder Tieres heranzugehen, was sie doch tut. Medizin ist Heilkunde und Heilslehre, ganz ähnlich wie die Theologie auf anderem Gebiet und die Jurisprudenz auch, nicht aber nur Natur- und Seelenforschung. Sie will »herausbringen«, was dem Kranken in diesem oder jenem Falle zu seinem Heile dient und frommt. Den Sinn der Art und damit der Entartung, die die Krankheit darstellt, das Krankheitsbild will sie erkennen, was ihr durch bloße Forschung nimmermehr gelingt. Der Kranke ist ihr nicht nur »Material« der Forschung, sondern Erscheinungsform und damit »Symbol« der Krankheit, die sie in und an ihm erkennt, um sie zu heilen, soweit sie heilbar ist, jedenfalls aber zu behandeln, was immer, auch in den hoffnungslosesten Fällen, möglich und ihr unverzichtbarer Beruf ist. Aber sie kann nur den behandeln und gar heilen, der sich von ihr behandeln läßt, als ihr Subjekt. Wenn der Arzt an das Bett des Kranken tritt, muß er erkennen, um mit dem Märchen zu reden, ob der Tod zu seinen Häupten oder zu seinen Füßen steht, damit er seine Beratung und Behandlung danach einrichten kann. Wie die Jurisprudenz im »Material« der »Texte« das Recht und auch das Rechte erkennt, also erkennt die Medizin im »Material« der »Körper« die Krankheit und das Kranke. Wir reden nicht umsonst von »Diagnose« und verlangen auch vom Mediziner, daß er die Zeichen einer Schrift und ihre Sprache herausbringe und deute. Mit einem Wort, auch in der Medizin, soweit ein Laie darüber urteilen darf, trägt nicht die Forschung, sondern die Erkenntnis den Ton. Auch sie ist eine praktisch-poetische, eine schöpferische Angelegenheit. Auch sie ist normativ, weil sie »verordnet«.

Aber wie dem allen auch sei, um zur Jurisprudenz in ihrer dogmatisch-exegetischen »Scholastik« zurückzukehren, das wird man füglich nicht bestreiten können, daß der Jurist dem Philosophen, der erkennt, näher steht als dem Geschichtsforscher, mit denen beiden er einen Dreibund bildet, weshalb die Jurisprudenz zwischen Philosophie und Geschichte steht, und zwar so, daß sie als deren Einheit eine philosophisch-historische Wissenschaft eigenartiger Prägung ist, aus der man weder das philosophische, noch auch das historische Element ungestraft herausstreichen, noch es auch übertreiben darf. Denn die Jurisprudenz ist, was sie von sich sagt, nämlich Jurisprudenz, nicht Geschichtswissenschaft und auch nicht Philosophie, obwohl sie sich mit ihnen beiden vermählt, wovon wir noch des weiteren reden werden.

Freilich ergeben sich aus dieser Einheit in der Zweiheit höchst eigentümliche und fruchtbare Spannungen und Schwierigkeiten, die man nicht übersehen darf, zumal sie schon in der Sprache, auf die hier so großes Gewicht gelegt wird, hervortreten und hervortreten müssen, so gewiß der Denker und der Forscher eine verschiedene Sprache sprechen, wie wir das oben ausgeführt haben. Die ausgesprochenen »Juristen« sind unter den Historikern, auch unter den Rechtshistorikern, oft unbeliebt, weil und soweit sie zu »energisch« denken, wenn es das gibt, aber auch die ausgesprochenen »Historiker« unter den Juristen sind keine ganz reine Freude, weil und soweit sie aus dem umgekehrten Grunde oft zu wenig Juristen sind, woraus hervorgeht, daß mehr das Denken als das Forschen den Juristen macht, wie schon die Römer lehren, die doch wohl nicht als »Forscher« angesprochen werden können, wie sie auch keine Philosophen sind, worin die zwar bedingte, aber nicht zu übersehende Selbständigkeit der Jurisprudenz gegenüber Geschichte und Philosophie ganz wunderbar zum Ausdruck kommt.

Freilich wir deutschen Juristen nach unserer ganzen Art werden es den Römern in dieser doppelten Enthaltsamkeit kaum gleich tun können und auch dürfen. Uns Deutschen sind nur die Juristen so, wie sie sein sollen, die Denker und Forscher zugleich sind, in der lebendigen Einheit ihrer Persönlichkeit, die keinen Zwiespalt kennt; sie sind die geborenen Juristen, die Juristen von Berufung; sie sind Juristen, während die anderen es erst werden müssen, was ihnen freilich nur bis zu einem gewissen Grade gelingen wird, weil man zwar die »Positiva« lernen kann und lernen muß und auch noch manches andere Nützliche, aber das Beste und Wesentliche mitbringen muß, nämlich den Sinn für die Gerechtigkeit im allgemeinen und im besonderen Falle. Nicht jeder »Rechtsgelehrte« ist ein Jurist und vielleicht sogar auch umgekehrt, was wir nicht als eine bedeutungslose Selbstverständlichkeit betrachten sollten. Das Können und nicht das Wissen macht den Juristen, der für Recht erkennt, selbst bei uns Professoren, womit das Schöpferische, das Praktisch-Poetische jeder Rechtserkenntnis, welcher Art sie auch sei, betont sein soll. Ein Forscher im eigentlichen und strengen Sinne kann kaum gelehrt genug sein; ob man dies auch beim Juristen sagen darf, ist eine andere Frage. Von einem Juristen, der wirklich ein solcher ist, sagen wir, daß er »von Gottes Gnaden« sei. Dagegen werden wir einen Schriftgelehrten kaum je so bezeichnen. Es gibt Denker und Forscher, aber keine »Erkenner«, und es gibt Forschung und Erkenntnis, aber keine »Denkung«, wie uns die Sprache gewiß nicht ohne Grund sagen läßt. Jeder Denker ist zugleich ein Forscher, nicht aber jeder Forscher auch ein Denker, sofern er sich darauf beschränkt, zu forschen, d. h. Stoff zu ermitteln, ohne ihn zu verarbeiten, was eine notwendige und nützliche Vorarbeit sein kann, die keinesfalls irgendwie herabgesetzt werden soll. »Erkenner« aber sind sie beide nicht, weder die Denker noch auch die Forscher, weil sich Erkenntnis nicht erarbeiten läßt.

Wie dem aber auch sei, die Rechtserkenntnis und nicht die Rechtsforschung macht das Wesen der Jurisprudenz, die deshalb, wenn man es recht versteht, mit einem guten Tropfen vom Öle des »Naturrechts« gesalbt ist oder wenigstens gesalbt sein sollte, wie man jetzt wieder aussprechen darf. Denn das »Naturrecht«, das ich hier meine, ist gar nichts anderes als die Rechtswirklichkeit, als die »Natur der Sache« in ihrer Ursprünglichkeit, an der der Jurist niemals vorübergehen darf, will er dem Geist und nicht nur dem Buchstaben des »positiven« Rechts zum Siege verhelfen. Das »positive« Recht ist die Vernunft und Unvernunft, die Natur und Unnatur seiner Zeit, es ist »Vernunftrecht«, weil und so gewiß es die Erscheinung der Rechtsvernunft ist. Es ist konkretes und nicht abstraktes, es ist geschichtliches Natur- oder Vernunftrecht, was auch der »Positivist« unter den Juristen zugeben kann und zugeben sollte, weil es eine Selbstverständlichkeit ist, die der Positivität des Rechtes, die damit nicht geleugnet wird, keinen Abbruch tut. Jeder Jurist, der sein Handwerk versteht, fragt fort und fort nach der ratio legis, nach der »Vernunft« des Gesetzes, die bis zu einem gewissen Grade auch seine Unvernunft sein kann, worin der Unterschied zur theologischen Dogmatik bei aller Einheit zutage tritt. Dem Theologen ist »die Schrift« absolute, dem Juristen relative Autorität. Wir Juristen können uns eine Kritik an unsern »Schriften« erlauben, die dem Theologen versagt ist. Wie dem aber auch sei, im »positiven« Recht trägt nicht das Positive, sondern das Recht den Ton, worauf wir später noch zurückkommen werden, weshalb die Rechtswissenschaft wesentlich nicht Positivismus sein kann, obwohl sie es nebenbei auch ist. Die Überbetonung des Positiven im Recht ist eine Einseitigkeit, die an der wahren Aufgabe der Rechtswissenschaft und auch der Rechtspraxis vorbeiführt, weil sie die Rechtserkenntnis erschwert, die das Positive als das behandelt, das es ist, nämlich als den Stoff, in dem das Recht und auch das Rechte allererst zu suchen und zu finden ist. Das Rechte und das Recht will der Jurist erkennen, nicht aber nur das Positive erforschen, in welchem er für Recht erkennt.

Darum gibt es eigentlich auch keine »Positivisten«, die nicht zugleich mehr oder weniger »Naturrechtler« wären, und zwar deshalb nicht, weil sie aufhören würden Juristen zu sein, deren Beruf es ist, inmitten einer bestimmten Überlieferung und Welt und insofern »ursprünglich« für Recht zu erkennen. Wer Normen finden will, kann nicht »auf dem Boden der Tatsachen« stehen bleiben, selbst wenn oder gerade weil er sie in ihnen finden soll. Normen sind keine Fakten, wiewohl sie in ihnen erscheinen, auch nicht im »positiven« Recht, worin ich Hans Kelsen durchaus zustimme, ohne seinen »Positivismus« mitzumachen, der nach einer »naturrechtlichen«, d. h. metaphysischen Überwindung, wenn auch nicht Vernichtung, sofern ich es recht verstehe, geradezu verlangt. Das »positive« Recht ist in dem Positiven, nicht aber selbst das Positive; es ist dem »Naturrecht«, d. h. der Rechtsvernunft oder Rechtswirklichkeit eingeordnet, was wiederum der Grund ist, weshalb auch die Rechtslogik, wenn man darunter wie üblich die formale Logik versteht, und die Rechtstatsachenforschung, mit einem Wort das Denken wie das Forschen, allenthalben von der »Intuition«, dem Blick für das Ganze und damit für die Rechtsvernunft, d. h. die Gerechtigkeit, geleitet und geführt sein müssen, wie wir das oben gesehen haben und noch weiter sehen werden, wenn wir auf den Unbegriff des »positiven« Rechts zu sprechen kommen werden.

Nicht also von einer »Überwindung des Naturrechts in der Dogmatik«, wovon Ottokar Tesar[1]) so überaus scharfsinnig

---

[1]) Schriften der Königsberger Gelehrten Gesellschaft Heft V, 1 1928.

gehandelt hat, sollte demnach die Rede sein, sondern gerade umgekehrt von einer »Überwindung des positiven Rechts« im Naturrecht der Rechtsvernunft. Das soll und will natürlich nicht heißen, wie ich ausdrücklich zu betonen leider für notwendig halte, daß das »positive« Recht leichtfertig oder hochmütig beiseite geschoben und durch naturrechtliche Betrachtungen und Erwägungen, wie sie zu Zeiten des alten, abstrakten, geschichtslosen oder gar geschichtsfeindlichen Naturrechts an der Tagesordnung waren und auch jetzt noch gelegentlich vorkommen, verdrängt werde, sondern vielmehr, daß es in einer konkreten, geschichtserfüllten Rechtserkenntnis aus der »Existenz« heraus seine Vollendung und Begründung finde, was etwas ganz anderes ist. »Durch das Positive über das Positive hinaus«, um ein berühmtes Wort zu verallgemeinern, das ist gefordert und gemeint. Die Jurisprudenz ist nicht nur Positivismus, obwohl sie es auch ist, weil sie bei ihm nicht stehen bleiben kann. Im letzten Grunde ist jeder wirkliche und wahrhaftige Jurist auch Naturrechtler, weil und soweit er »von Natur« Jurist und damit zum Juristen »geboren« ist, womit sich sein Positivimus ergänzt und vollendet in der Rechtsmetaphysik. Die »Positiva« müssen ihm gleichsam zur zweiten Natur und damit »existentiell« geworden sein, er muß sie, wie man sagt, »verdaut« haben, wenn er erkennt, was jeder Kundige sofort herausfühlt, wenn er, wo es auch sei, einen Juristen reden hört. Das »positive« Recht — das sollte man erkennen — hat Positivität, wie das Wirkliche Wirklichkeit. Aber es ist gerade darum mehr als positiv und damit überpositiv, weshalb man strenggenommen vom »positiven Recht« überhaupt nicht reden kann und reden sollte, wie wir noch sehen werden. Denn wie die Wirklichkeit die Einheit und Ganzheit, nicht aber die Summe des Wirklichen ist, also ist auch die Positivität des Rechts die Einheit und Ganzheit seiner Positiva und damit nicht die Summe seiner »Gesetze«, welcher Art sie auch seien. Das »positive« Recht weist über sich hinaus in das Überpositive und damit in das »Naturrecht«, so gewiß es Positivität, d. h. Einheit und Ganzheit und Ursprung alles Positiven bedeutet, und das ist wiederum der Grund, weshalb die Jurisprudenz auch Metaphysik und der Jurist auch Metaphysiker ist und sein muß. Das Recht ist in und insofern h i n t e r seinen Satzungen, die man durchdenken und »durchschauen« und damit sich »zu eigen« machen muß, wenn man es »finden« will, wie die Rechtssprache des Mittelalters es ganz vortrefflich und mit Gültigkeit für alle Zeiten ausdrückte. Das Recht wird nicht gemacht, es ist kein Machwerk, sondern eine Schöpfung. Es ist nicht Willkür in dem schlechten Sinne unbegründeter, gesetzloser Launenhaftigkeit. Es ist sittlicher und nicht faktischer, ethischer und nicht psychischer Wille, weil es Gemeinwille und damit Gesamtschöpfung ist. Es wird erkannt und nicht erfunden, weshalb sich jeder Jurist und namentlich der Gesetzgeber, was er nicht ungestraft außer acht läßt, »nach ewigen Gesetzen und nicht nur nach den Umständen, wie sie nun eben sind«, zu richten hat, um mit den tiefen Worten der Königin Luise zu reden.

Aber mit dem Historiker, der Geschichtsschreiber und nicht nur Geschichtsforscher ist, steht es nicht wesentlich anders, um das bisher Gesagte in einem größeren Zusammenhang zu bewähren und vor Einseitigkeit zu behüten. Auch er ist Forscher und Denker zugleich in ungeteilter Einheit, weil er erkennt, nämlich die Wirklichkeit in den Daten und Fakten, die er erforscht. Auch die Geschichtsschreibung ist ebenso wie die Jurisprudenz eine philosophisch-historische Angelegenheit. Auch sie ist ohne Metaphysik nicht möglich. Darum taugt nicht jeder Geschichtsforscher, und möchte er noch so gelehrt sein, zum Geschichtsschreiber. Daten und Fakten, die die Objekte unserer Forschung sind, mögen wir beherrschen, so viel wir wollen. Ob wir damit auch die Geschichte schreiben können, die dazu gehört, ist eine andere Frage. Nur wer die Geister der Vergangenheit, die Geister aus der Über- und Unterwelt rufen kann, ist auch zu ihnen gerufen. Denn sie sind es, die der vernehmen und vernehmlich machen muß, der ihre Geschichte schreibt. Hört er sie, so ist seine Geschichtsschreibung wahr, andernfalls unwahr. Es gibt keine richtige und unrichtige Geschichtsschreibung, wie es richtige und unrichtige Forschungsergebnisse gibt. Daten und Fakten kann man richtig oder unrichtig wiedergeben. In der Geschichtsschreibung ist man wahr oder unwahr, wahrhaftig oder unwahrhaftig. Unrichtigkeiten kann man nachweisen, indem man sie richtigstellt, Unwahrheit nur widerlegen, indem man ihr eine andere »Auffassung« entgegenhält, die mehr Glauben findet und verdient. Ganzheit läßt sich nur im ganzen und nicht in seinen Einzelheiten überwinden. Wie der germanische Richter, der ein ungerechtes Urteil fällte, gescholten wurde, indem man ihm ein anderes und besseres entgegensetzte, wie dies auch heute noch geschieht, wenn man an einem Urteil berufen oder unberufen fruchtbare Kritik übt, also ist es auch mit der Kritik einer Geschichtsschreibung nicht anders. Geschichtsschreibung kann nur im ganzen angenommen oder verworfen werden, womit natürlich nicht ein oberflächliches und absprechendes Aburteilen vom hohen Pferde in Bausch und Bogen gemeint ist. Aber es ist gewiß keine angemessene Kritik, wenn man ein paar Einzelheiten herausgreift, ohne sich im ganzen über das Ganze zu äußern.

Der Geschichtsforscher beweist, der Geschichtsschreiber überzeugt, und zwar dann, wenn er für treu erfunden wird. Nicht Gelehrsamkeit, nicht Geist und Glanz, nicht Eigenart und Eigenwille machen den Historiker, aus dem die Wahrheit zu uns spricht, sondern die Treue, die Glauben schafft. Wer die Geschichte zu Worte kommen läßt, die er schreibt, ohne sich mit seiner Weisheit vorzudrängen, dem glauben wir, und zwar um so mehr, je mehr er quasi per inspirationem schreibt. Derjenige Geschichtsschreiber ist der größte, bei dem die Geschichte gleichsam sich selber schreibt, was nicht mit einem unpersönlichen Forschungsbericht zu verwechseln ist. Geschichtsschreibung ist nicht Geschichtsbeschreibung, was sehr zu denken gibt. Nur die geistesmächtige, nur die begnadete Persönlichkeit vermag den Geist der Zeit und Zeiten zu beschwören, der aus ihr spricht. Wer aus der Wahrheit ist, der höret ihre Stimme; und beim Juristen, der für Recht erkennt, ist alles ganz genau so. Derjenige Jurist hat unser Vertrauen, aus dessen Munde wir die Gerechtigkeit gleichsam in eigner Person zu hören wähnen.

Wer Wirklichkeit und Wahrheit, Einheit und Ganzheit, wer die Gerechtigkeit anerkennt, wiewohl sie unerforschlich sind, wird sie im Erforschlichen wiedererkennen und wiederfinden, der andere nicht. Ohne Metaphysik gibt es keine Jurisprudenz und auch keine Geschichtsschreibung, weshalb auch alle Juristen und alle Geschichtsschreiber, welche sie auch sind und waren, eine bestimmte Metaphysik aufweisen. Daß man Historiker und Metaphysiker miteinander vergleichen kann, wie man es unlängst mit Ranke und Hegel getan hat, ist nur das Zeichen ihrer nahen Verwandtschaft, was alle diejenigen stutzig machen sollte, die Philosophie und Geschichte möglichst luftdicht gegeneinander abschließen wollen, was nur für ihre Vorfelder und Außenwerke, die Logik einerseits und die Forschung andererseits, zutreffend ist. Einen Logiker und einen Forscher wirklich miteinander zu vergleichen, dürfte in der Tat nicht sehr ergiebig sein, wenngleich es eine Logik der Forschung gibt, weil sie im Denkbaren ruht. Nur insofern sind Logik und Forschung vergleichbar, als sie beide nicht an die Wirklichkeit heranreichen, die zwischen ihnen ruht im Bereich der Metaphysik.

Denn die Metaphysik ist Wirklichkeitslehre, wie sie Hans Driesch mit Recht genannt hat. Wer von der Wirklichkeit als Wirklichkeit handelt, ohne sie irgendwie umzudeuten und dadurch zu entleeren, wer sie ursprünglich macht und läßt, obwohl er sie bedenkt und dadurch »vermittelt«, der ist Metaphysiker. Darum ist noch kein Metaphysiker, wer Wirklichkeit und Wahrheit, Einheit und Ganzheit lediglich als denkbar nimmt, als die Bedingungen der Möglichkeit der Geschichts- und Rechtswissenschaft im Sinne wissenschaftlicher Erkenntnis. Das tut jeder Logiker oder besser jeder Erkenntnistheoretiker. Metaphysiker wird er erst dann, wenn er über diesen »Formalismus« hinausgeht, sie nicht nur für denkbar, nicht »nur« für Gedanken, d. h. unsere Gedanken, sondern eben als das nimmt, was sie von sich sagen. Wer die Wirklichkeit für Wirklichkeit, wer das Recht für Recht, wer sie für Ernst und damit für voll nimmt, der ist Metaphysiker. Dem Logiker sind Recht und Wirklichkeit »nur« eine Denkform, dem Metaphysiker sind sie auch ein Gehalt, indem sie, jedes an seinem Teil, richten und wirken. Erkenntniskritik oder Kritizismus ist eine subjektive oder formale, eine teilweise Metaphysik, die sich zur vollen, wahren Metaphysik »ergänzen« muß. Metaphysik ist »kritisch«, aber sie erschöpft sich nicht darin, wie der »Kritizismus« meint, der wie jeder »Ismus« an einer Einseitigkeit, einer Überbetonung eines Teilmomentes krankt. Kritizismus ist formal, was sein gutes Recht ist, aber er ist formalistisch, wenn er sich für das Ganze hält, was er nicht ist. Gottes Gedanken sind nicht unsere Gedanken.

III.

Freilich, die Wirklichkeit, weil sie der Gehalt des Wirklichen, das Wirkende im Wirklichen, seine innere Einheit und Ganzheit und Ursprünglichkeit, mit einem Wort seine »Idee« ist, ist nicht selbst wirklich im Sinne dieser Einzelheiten; und von dem Recht, weil es die Einheit und Ganzheit, die Gerechtigkeit des Positiven oder Gesetzten ist, gilt genau dasselbe. Das »positive« Recht ist nicht positiv im Sinne seiner Positiva, sondern eben Positivität, wie wir gesehen haben, womit es in seiner Ganzheit und Wirklichkeit überpositiv ist. Die Rechtsordnung ist niemals nur positiv, ja sie ist darum ihrem innersten Wesen nach überhaupt nicht positiv, wenn wir genauer zusehen, weil damit ihre Ursprünglichkeit vernichtet wird.

Das aber bedeutet, was nunmehr offen und mit dem Ernst und dem ganzen Verantwortungsbewußtsein, die diesen letzten Fragen ziemen, ausgesprochen werden soll, obwohl es selbst jetzt noch, nachdem wir alles vorbereitet haben, Gefahr läuft, mißdeutet und als Unverstand oder Überspanntheit angesehen zu werden, daß es »das positive Recht«, von dem wir alle, Positivisten und Nichtpositivisten, immer reden, in Wirklichkeit und Wahrheit überhaupt nicht gibt und geben kann. Der Begriff des »positiven Rechtes«, für das die meisten Juristen auch noch in unserer Zeit fast ihr Leben lassen würden, trifft das Wesen des Rechtes in seinem Kerne nicht; er ist äußerlich und, wenn man ihm auf den Grund geht, mehr ein Unbegriff als ein Begriff, ein blasses Kind der »Theorie« im schlechten Sinne, dem keine Existenz zukommt, außer in den Köpfen der Juristen. Wollen wir den Rechtspositivismus in seiner Äußerlichkeit und Einseitigkeit wirklich »überwinden«, ohne ihn in Bausch und Bogen zu verwerfen, um an den Sinn und Kern, das innere Wesen des Rechtes heranzukommen — und wer wollte das nicht! —, so müssen wir mit seinem Grundbegriff, dem »positiven Recht«, sofern es, wie ich ausdrücklich betone, das ganze Recht, die geltende Rechtsordnung sein will, was es doch will, den Anfang machen. Das »positive Recht«, wenn es »das Recht« zu sein beansprucht, hat keine Existenz, weshalb es auch als solches dem »Volke« durchaus unbekannt ist. Das Volk kennt wohl »das Recht«, kennt es auch in seiner Geschichtlichkeit, da es fort und fort vor seinen Augen sich verwandelt und verändert, aber vom »positiven Recht« sagt es uns schlechterdings nichts, weder in der Vergangenheit, wie eine Anfrage beim »Deutschen Rechtswörterbuch« in Heidelberg bestätigt, was sehr zu denken gibt, noch auch in heutigen Tagen. Noch nie, soweit ich mich entsinnen kann, habe ich je gehört, daß ein Mann, eine Frau des Volkes vom »positiven Recht« gesprochen hätten, und zwar nicht deshalb, weil sie es schlechter, sondern weil sie es besser wissen als wir Juristen, denen die ererbten Fachausdrücke zu leicht den Blick für Wirklichkeit und Wahrheit trüben. Das »positive Recht« ist ein juristisches Vorurteil, ein ungeprüfter Dogmatismus, der wie jeder Dogmatismus schweren Schaden genug schon angerichtet hat, weshalb unsere Zeit im allgemeinen und die Interessenjurisprudenz im besonderen mit Grund und Erfolg gegen seine Auswirkungen zu Felde gezogen sind, freilich ohne ihn vernichtend zu besiegen, weil sie in seine Hauptbefestigung, seine Hochburg noch nicht eingedrungen sind. Der Begriff des »positiven Rechts«, sofern er »das Recht«, die ganze Rechtsordnung, und nicht nur ein Stück davon bedeuten will, was ich immer wieder betone, weil es entscheidend ist, muß fallen, wenn wir die schlechte Begriffsjurisprudenz und alles was mit ihr zusammenhängt, soweit dies überhaupt gelingen kann, wirklich erledigen wollen. Seine innere Unwahrheit, seine den Kern verfehlende Äußerlichkeit müssen wir aufdecken, wenn wir das Feld behaupten wollen.

Diese leicht einzusehende Unwahrheit besteht aber darin, daß »das Recht«, worunter wir die Rechtsordnung verstehen und zu verstehen haben, nicht positiv sein kann im Sinne seiner Positiva, der Gesetze, Gewohnheiten, Richtersprüche und wie die »Texte« des Materials sonst noch heißen mögen, in denen es erkannt wird. Das »Material« des Rechts ist positiv, nicht aber dieses selbst. Vom »positiven Recht« zu reden ist im Grunde derselbe »Materialismus«, der das Wesen des Menschen in seiner Leiblichkeit und Körperlichkeit erblickt, wie es zuweilen vorgekommen ist und vorkommt. Aber wie der Mensch seinem Wesen nach nicht nur körperlich ist, obwohl er es auch ist, also ist auch das Recht seinem Wesem nach nicht nur positiv. Es ist die Einheit und Ganzheit, nicht aber die Summe seiner Positiva, es ist ihr Inbegriff, ihre innere Vernunft und Gerechtigkeit, mit einem Wort ihre »Substanz«, die man erkennen, verstehen und bekennen, nicht aber eigentlich »setzen« kann, weil man dazu schlechterdings außerstande ist.

Der Sinn ist niemals positiv und darum »das Recht« als der Sinn seines positiven Materials auch nicht. Den Sinn des Positiven können wir nicht »setzen«, er »kommt ihm zu«, wenn es ihn hat oder erwirbt, aber nicht von uns, die wir ihn aussprechen. »Sinngebung des Sinnlosen«, wovon man geredet hat, ist eine Überheblichkeit, die geradezu entwaffnet und jede Kritik verstummen läßt, weil sie unter aller Kritik ist, die einen Sinn voraussetzt. Wie es mit der Sinngebung steht, das wußte Luther besser, wenn er uns singen lehrte: »Gib Deinem Volk einen Sinn auf Erd«. Noch niemals hat jemand sinnvoll geredet, der nicht den Sinn seiner Worte dabei vorausgesetzt hätte, indem er davon redete. Sinn kann man im besten Falle ersinnen, indem man sich besinnt, was die Art und Weise der schöpferischen Tat ist, aber man kann ihn nicht von sich aus hervorbringen und auch nimmermehr erreden. So viele Worte man auch macht, er stellt sich dadurch gerade nicht ein. Man muß ihn aufzeigen, ihn reden lassen, indem man ihn ausspricht und bekennt. Alle »Sinngebung«, wenn man davon reden will, ist in diesem Betracht mehr deklarativ als konstitutiv, ohne daß wir diesen Gegensatz in seiner Vorläufigkeit, die überwunden werden muß, verwischen wollten, der mit dem Unterschied von Schaffen und Nachschaffen, von Bekennen und Erkennen gesetzt ist.

Sinngebung ist Sinndeutung und »Exegese«. Sinn geben heißt, Sinn abgewinnen, der vorhanden, aber verborgen ist. Wer schafft, deutet durch seine Schöpfung das Leben, und, wer nachschafft, deutet das Geschaffene. Jener bekennt, dieser erkennt. Wenn also der schöpferische Gesetzgeber dem Leben ein Gesetz gibt, so gibt er ihm wohl einen neuen Sinn, den er ihm abgewonnen hat, indem er sagt: So sollt Ihr leben, das ist das wahre Leben, das ich von Euch fordere. Aber er gibt ihm, wenn wir es recht bedenken, im Grunde nicht von sich aus Sinn, weil er nicht Leben schenken kann. Gott schenkt das Leben, das wir scheinbar zeugen, wenn wir uns religiös ausdrücken. Ob das, was wir »setzen«, Sinn hat und damit Recht wird, ist ebensowenig in unserer Macht, wie es in unserer Macht steht, ob das Kind, das wir gezeugt haben, weil es uns geschenkt wurde, leben und gedeihen wird. An der

Möglichkeit und Unmöglichkeit, Leben und Recht zu »erzeugen«, an dem Sinn, in dem man das Recht als »Menschenwerk« betrachtet, hängt das Schicksal des »positiven« Rechts und des Rechtspositivismus, wie nirgends deutlicher wird als in der außerordentlich lehrreichen und klugen Schrift Hans Kelsens über »Die philosophischen Grundlagen der Naturrechtslehre und des Rechtspositivismus«, die fast in allem und jedem auf dem genau entgegengesetzten Standpunkt steht, wie der ist, den wir hier vertreten.

»Das Recht« in seiner Ganzheit und Wirklichkeit, in seiner Lebendigkeit kann niemand setzen und erzeugen, auch nicht der größte und stärkste Tyrann, ja er am allerwenigsten. Wer Recht »setzt«, erhebt den Anspruch, daß seine Setzung Recht sei, was sich erst herausstellen wird, wenn man das Recht darin erkennt. »Rechtssetzung« ist Rechtsschöpfung, ist eine Gesamtschöpfung der Rechtsgemeinschaft in ihrer Lebendigkeit, wie wir namentlich beim Gewohnheitsrecht sehen, wo es am deutlichsten zutage tritt. Im Grunde ist jedes Recht, auch das sogenannte Gesetzesrecht, Gewohnheitsrecht, wie die historische Rechtsschule mit Recht gelehrt hat, insofern es sich erst »einbürgern« muß. Wir kennen alle die »rechtlose, die schreckliche Zeit«, die einem neuen Gesetz und namentlich einer Kodifikation zu folgen pflegt, bis sich die Patina der Geschichte darüber gelegt hat, die es zum »guten, alten Recht« macht. Erst wenn die »Entstehungsgeschichte« mit allem Drum und Dran, mit ihren Motiven, Protokollen und was dergleichen mehr ist, einigermaßen in Vergessenheit geraten ist, wenn das Gesetz in einem gewissen Sinne »unvordenklich« geworden ist, löst sich der Starrkrampf, in den das Rechtsleben durch die Gesetzgebung verfallen ist, wird es frei von dem Albdruck des Positiven und des Buchstabens, der je und je getötet hat und tötet. Rechtlichkeit ist jedem eine Ehre, aber von Gesetzlichkeit will niemand etwas wissen, weder bei uns Juristen noch auch im Volke, womit gegen die Notwendigkeit von Gesetzen nicht das geringste gesagt ist. Gesetze müssen sein, weil das Rechtsleben entartet, wenn es nicht bewußt geleitet wird, wie Hegel der historischen Rechtsschule mit Recht entgegengehalten hat. Aber ebenso unbestreitbar ist, daß sie zum Recht erst werden in der Geschichte. Gesetze als »Gesetze« sind eine »Abstraktion«, die erst mit uns »verwachsen«

muß, wodurch sie sich in ihrer »Gegensätzlichkeit« überwinden. »Gesetz« heißt immer Gegensatz.

Aus alledem wird deutlich, wenn wir es sehen wollen, daß es einfach nicht wahr ist, daß »das Recht« gesetzt, daß es »positiv« sei, obwohl oder gerade weil es geschichtlich und insofern geschaffen ist, was etwas ganz anderes ist und natürlich nicht geleugnet wird. Die Geschichtlichkeit des Rechts, wenn man sie in ihrer Tiefe versteht, wie sie die historische Rechtsschule verstanden hat, schließt es geradezu aus, vom »positiven« Recht zu reden, womit sich unwillkürlich, was man nicht leugnen sollte, die Vorstellung des Gewaltsamen und Starren, Leblosen und Toten verbindet. Das »positive« Recht, wenn man mit seinem Namen Ernst macht, ist in seinem Grunde nichts anderes als Macht und von dieser nicht zu unterscheiden, was trotz aller Einheit auch möglich sein muß, da es rechtlose Macht und machtloses Recht gibt. Das Recht ist seinem Wesen nach »Geist«, und Geist ist niemals seinem Wesen nach »positiv«, obwohl er es auch ist, wenn er in die Erscheinung tritt.

Somit ist »das Recht« das, was es von sich sagt, nämlich Recht, und es ist nicht nur überflüssig, sondern sogar im tiefsten Grunde schädlich, wenn wir Juristen es im Gegensatz zum Volke mit besonderer Betonung das »positive« Recht nennen, was nur für einen Teil zutrifft, wie wir noch sehen werden, und aus dem Kampfe gegen das ungeschichtliche Naturrecht verständlich ist, aber wie jedes Feldgeschrei nicht über seine Zeit hinaus gerufen werden sollte, weil es sich dann in seiner Einseitigkeit in Unwahrheit verkehrt, indem es unsern Blick von der Seele und der Substanz des Rechts und damit von seinem Wesen ablenkt. Das Recht ist Recht und gar nichts anderes. Es ist weder Natur- oder Vernunftrecht wie im 17./18. Jahrhundert, noch auch positives Recht wie im 19. Jahrhundert. Recht muß Recht sein und bleiben, und es ist vielleicht unsere Bestimmung im 20. Jahrhundert, daß wir es sich selber zurückgeben in der schlichten Sachlichkeit, die wir für unser Zeitalter als seine Besonderheit und seine Ehre in Anspruch nehmen, womit wir es von seiner Entstellung durch die Rede vom »positiven« Recht befreien und in seiner Reinheit wieder herstellen. Wie auch anderwärts, so sollten wir ihm die unechte Fassade nehmen, die ihm das 19. Jahrhundert, namentlich in seiner zweiten Hälfte vorgebaut hat. Glaubt man denn nicht, daß der Positivismus der »Heroenzeit« nach 1870 mit dem gesamten Zeitgeist aufs innigste verwachsen und verwandt ist? Das »positive« Recht bedeutet dieselbe Übertonung des Stofflichen, den gleichen »Materialismus«, der uns auch sonst in diesen Jahren und Jahrzehnten so abstoßend entgegentritt. Wann werden uns Juristen die Augen dafür aufgehen? Von Jugend auf, schon vor 25 Jahren, als ich zu studieren anfing, wenn ich von mir selber etwas sagen darf, habe ich ganz dunkel in der Rede vom »positiven Recht« eine schwer erträgliche Herabwürdigung von Recht und Rechtswissenschaft empfunden und in einer mir immer wunderlichen Gegensätzlichkeit sowohl für das Naturrecht als auch für die historische Schule eine geheime Vorliebe gehabt, während es mir der ausgesprochene Positivismus, der damals mehr oder weniger verhüllt von fast allen Kathedern — eine Ausnahme war Rudolph Sohm — gepredigt wurde, oft genug nahezu unmöglich machte, mit innerer Freude Jurist zu werden oder zu bleiben. »Positives Recht« bedeutete mir damals Zufall und Willkür und nicht recht wert, es mit heißem Bemühen zu studieren, da es ja morgen wieder anders sein könnte, als es heute ist. Jetzt weiß ich, was an dieser an Kirchmann gemahnenden Kritik wahr und falsch war, und daß der Positivismus, den wir, ohne ihn zu verdammen, überwinden müssen, nur mit dem »positiven« Rechte selber fällt.

Das »positive« Recht, wenn man es sine ira et studio zu Ende denkt, ist eine Herabwürdigung des Rechts, weshalb man von einem würdelosen Recht mit vollem Recht sagt, daß es »nur« positives Recht sei. Wie man von einem in Sinnlichkeit aufgehenden Menschen sagt, daß er nur sinnlich sei, obwohl jeder Mensch auch sinnlich ist, also ist es mit dem »positiven« Recht genau so. Zum »positiven« Recht gehört notwendigerweise das »nur«, weil das wahre und wirkliche, das wesenhafte und lebendige, das Recht mit Wert und Würde eben nicht nur positiv ist. Das »positive« Recht bezeichnet ein »juristisches Minimum«, einen Nullpunkt des Rechts, wie auch der Positivismus das Minimum und den Nullpunkt der Rechtswissenschaft bedeutet, womit er in seinem bedingten Werte anerkannt ist. Das »positive« Recht bildet nicht nur zum Naturrecht, sondern auch, und zwar vor allem, wofür uns die Augen aufgehen sollten, zum Recht den Gegensatz, zu dem es sich in diesem Betracht dann verhält wie das Entartete zum Arthaften und das Zufällige zum Notwendigen. Das »positive« Recht ist das Recht mit einem Vorzeichen, wodurch es anzeigt, daß es nicht das Ganze und nicht das Recht in seiner Ganzheit ist. Es ist »positiv«, insofern es nicht Naturrecht ist, im alten abstrakten und im neuen konkreten Sinne, worin sich kundtut, daß es in Wahrheit eine Negation ist. Das »positive« Recht wie jede Negation hat keine eigene Existenz, es lebt nur davon, daß es das negiert, was es voraussetzt, nämlich das »Naturrecht«, welcher Art es auch sei. Nur im Hinblick darauf hat es überhaupt einen Sinn, vom »positiven« Recht zu reden, sonst aber nicht, weshalb sein Schwerpunkt außerhalb von ihm liegt, so daß es recht eigentlich, um mit Friedrich Nietzsche zu reden, ein Begriff des Ressentiments, der Auflehnung ist. Es ist der Aufstand eines Teiles gegen das Ganze, da nicht bestritten werden kann und, wie wir schon oben mehrfach betont haben, bestritten werden soll, daß das Recht in seiner Ganzheit in Wirklichkeit und Wahrheit in einem bestimmten Umfang »nur« positives Recht ist, so gewiß es »setzt«, was »von Natur« nicht gewußt werden kann, weil es sich hier nicht um innere, sondern nur um äußere Dinge, um reine technische Zweckmäßigkeitsfragen handelt, die eben irgendwie »positiv« entschieden werden müssen. Der Sinn des Rechts umfaßt auch seinen Zweck, wie die Gerechtigkeit auch die Rechtssicherheit. Das »positive« Recht im Rahmen des ganzen Rechts ist das willkürliche Recht, womit seine bedingte Notwendigkeit anerkannt wird, da es im Recht ganz ohne Willkür nicht abgeht, so gewiß Möglichkeiten »entschieden« werden müssen, was ein Akt des Willens und bis zu einem gewissen Grade auch der Willkür ist. Mit dem Wesen ist der Zufall, mit dem Innerlichen das Äußerliche notwendig gesetzt, auch im Recht. Was aber hier so nachdrücklich bekämpft wird, ist, daß man den Teil für das Ganze, das Zufällige für das Wesentliche, das Äußerliche für das Innerliche nimmt, weil man sie gar nicht unterscheidet.

Und dies ist wahrlich nicht ohne praktische Bedeutung, was nunmehr ganz sachlich und ohne jede Gehässigkeit ausgesprochen werden soll, wie es auch so aufgenommen werden will. In den Grund- und Lebensfragen unseres Daseins darf es keine Empfindlichkeit geben; eine Lebensfrage aber liegt hier vor. Denn wenn man die scheinbar harmlose Rede vom »positiven Recht« in ihren Gründen und Auswirkungen mit allem Ernst betrachtet, so erweist sie sich ebenso wie die Lehre vom »omnipotenten« Staat, mit der sie im innersten Grunde verwandt ist, als eine geradezu dämonische Auflehnung gegen Gott und seine Allmacht, als ein frevelhafter Mangel an Demut gegenüber dem Leben in seiner Ursprünglichkeit und Wahrheit, wie uns Juristen der Theologe Emanuel Hirsch [1]) in aller Deutlichkeit gezeigt hat. Das Recht ist seinem Wesen nach geschichtlich, nicht aber positiv, weshalb es seine Daseinsberechtigung verliert und sich in brutale Gewalt verwandelt, wenn es die lebendigen, von Gott gewollten Kräfte der Geschichte in ihrer Mannigfaltigkeit mißachtet und uns alle, wie wir sind, in eine alleinseligmachende »Weltanschauung« einseitigster Art hineinknechten will, wie wir dies heute auf dem Gesamtgebiete unseres staatlichen und rechtlichen Lebens als eine Kulturgefahr allerersten Ranges, als eine Krankheit auf Tod und Leben unserer Existenz feststellen müssen. Hier zeigt es sich, daß alles echte Recht, weil es Sinngebung und »Exegese« in dem oben entwickelten Sinne ist, mehr deklarativ als konstitutiv ist, insofern es sich zum Leben »bekennt« und ausspricht, was dem Leben entspricht, von ihm gefordert ist, ohne es auf Schritt und Tritt, wenigstens zu einem Teil, zu vergewaltigen und mit Füßen zu treten. Es sagt und »setzt«, was unseres Sinnes ist in der Rechtsgemeinschaft, aber es verlangt nicht eine Gesinnung, die wir gar nicht haben. Es sagt auch nicht: Sic volo, sic iubeo! Es tritt nicht mit dem Fuße auf, um es bildlich auszudrücken.

Die Saat ist aufgegangen, die unsere Väter — das wird man leider sagen müssen, ohne die schuldige Ehrfurcht zu verletzen — gesät haben, als sie das Recht zum »positiven« Recht veräußerlichten und dadurch um seine sittliche Substanz brachten. Es ist der Lauf der Dinge, daß die Lehren und Theorien der Wissenschaft in ein bis zwei Menschenaltern oder wann es sei, ihre Früchte zeitigen, worüber wir uns grundsätzlich freuen sollten, weil es zeigt, daß wir nicht nur »Theoretiker« sind. Noch immer hat das Leben die Wechsel zur Einlösung vorgelegt, die wir in unseren Reden und Lehren auf es gezogen haben. Wer

---

[1]) Staat und Kirche im 19. und 20. Jahrhundert. 1929.

Wind sät, wird Sturm ernten. Wenn durch die Jahrzehnte auf fast allen deutschen Kathedern gelehrt wird, daß das Recht zwar gut täte, mit der Sittlichkeit übereinzustimmen, daß ihm aber das Gegenteil sein Wesen auch nicht nähme, da es in der Position zustande komme und darin aufgehe, weil man sich in diesen guten Tagen nicht recht vorstellen konnte, was dies bedeute, so können wir »Epigonen« uns nicht wundern, daß dieses ausgehöhlte und morsche »Recht« den Stürmen nicht gewachsen ist, die über uns hereingebrochen sind. Wir sagen dies gewißlich nicht, um anzuklagen. Nicht die Vergangenheit, sondern die Zukunft und damit die Gegenwart ist unser Feld, wie wir schon in der Einleitung hervorgehoben haben. Daß wir, wenn wir es sind, »innerlicher« geworden sind, ist kein Verdienst und keine Kunst, nachdem wir alles das verloren haben, was uns veräußerlichen könnte. Das Deutschland der »Heroenzeit« war »saturiert«. Wir können nicht von ihm verlangen, daß es, wie wir, nach dem gehungert und gedürstet hätte, was Recht zum Recht und Leben zum Leben macht. Wir sollten es nicht anklagen, wie wir überhaupt nicht klagen sollten, daß wir in diese unsre Zeit, wie sie nun einmal ist, geboren sind. Wir haben mit uns selbst genug zu tun, wenn wir bestehen bleiben wollen.

Aber wie das Recht Recht, so sind auch wir Juristen Juristen und gar nichts anderes, Männer des Rechts und nicht der Positiva, in denen wir das Recht erkennen. Wir sind »echt«, echte Juristen, vom Scheitel bis zur Sohle, außen und innen, durch und durch, wir sind in keiner Weise irgendwie »legiert«; wir sind nicht Positivisten oder Freirechtler, nicht Begriffs- oder Lebensjuristen oder wie die Gegensätze sonst noch heißen mögen. Wir sind das, was wir sind und von uns sagen, und wollen uns beim Worte nehmen und bei ihm genommen werden. Ein Mann, ein Wort! Echtheit und Schlichtheit ist von uns gefordert. Gefordert aber ist sie namentlich durch das Volk, das uns sein Recht zu treuen Händen anvertraut hat, daß wir es rein und unverfälscht erhalten. Darum müssen wir, um mit Martin Luthers volkstümlicher Derbheit zu sprechen, dem Volke »auf das Maul« sehen, wie es von seinem Rechte redet. Das deutsche Volk redet von »Gesetzgebung« und auch von »Rechtsprechung«, aber nicht von »Rechtsetzung«, von der ich vermute, was noch zu untersuchen wäre, daß sie eine Erfindung der Juristensprache ist, sofern sie mehr als eins von beiden bedeuten soll. Gesetze kann man geben und Recht kann man sprechen, was darüber ist, das ist vom Übel. »Rechtsetzung«, wenn sie das ganze Recht, die Rechtsordnung, betreffen will, geht über unsere Kraft; sie ist so anmaßend wie der »omnipotente« Staat, der je und je das Leben in seiner geschichtlichen Wirklichkeit zu seinem eigenen Schaden gering geachtet hat, nicht nur in unserer Zeit. Wir können jemandem Recht geben wie wir ihm Unrecht geben, wenn wir erkennen, daß er Recht oder Unrecht hat, wir können mit einem Wort aus der geschichtlichen Überlieferung heraus, in der wir stehen, »für Recht erkennen«, Gesetze geben und in diesem beschränkten Sinne Recht »setzen«, aber wir können niemals »das« Recht setzen, und es hat auch noch niemals jemand »das« Recht gesetzt, weder bei uns noch bei andern Völkern, weil es schlechterdings unmöglich ist. Setzung ist »Satzung«, wenn man es recht versteht, Aussprache dessen, was schon ist, indem es sein soll. In jeder Setzung von Recht ist das Recht dazu und damit »das« Recht bereits vorausgesetzt. Es gibt nur relative und keine absolute Rechtssetzung.

Die Positivität oder Geschichtlichkeit des Rechts, seine Setzbarkeit, ist nicht von uns gesetzt. Sie wird sich Schritt für Schritt, von Fall zu Fall und damit konkret erfüllen in der Geschichte. Das Recht wird nicht »diktiert«. Diktate sind das Gegenteil von Recht, weil sie vergewaltigen und nicht befriedigen, was der Sinn des Rechtes ist. Gerechtigkeit und Recht sind niemals »einseitig«. Darum werden »einseitige« Gesetze auch nicht bestehen, weil sie nicht Recht werden, solange sie in der Gemeinschaft keinen Widerhall finden. Das Recht bedarf des Ansehens in der Gemeinschaft, für die es gilt und Geltung beansprucht. Das ist der wahre und richtige Kern der sogenannten Anerkennungstheorie, die man nicht psychologisch, sondern metaphysisch verstehen muß. Recht ist, was für Recht erkannt wird in der Gemeinschaft. Das aber bedeutet mit einem Wort: das Recht ist unableitbar und ursprünglich, weil es von »Gottes Gnaden« ist wie alles Leben, wenngleich wir es vermitteln. Darum ist es nicht »positives Recht«, wenn man ihm auf den Grund geht, weil es nicht aus der »Position« allein geboren ist. »Das« Recht hat keinen Anfang und kein Ende, wenngleich seine »Positiva« kommen und gehen. Das Recht ist zeitlos-zeitlich, weil es nur dadurch ist, daß es »erkannt« wird in der Gemeinschaft, als ihr »Gesetz« des Lebens.

Es kann erscheinen und verschwinden in der Erkenntnis. Das Recht, wenn man es recht versteht, ist ähnlich dem Reich Gottes. Es kommt nicht mit äußerlichen Gebärden; es ist inwendig, in uns, so weit es Geist und damit Leben ist. Die Rechtserkenntnis »schafft« das Recht, das sich in uns begreift.

Darin besteht der Sinn des Rechts und seine Würde. Darin besteht seine Autorität, die ohne Pietät nicht möglich ist; denn nur das Recht wird Autorität haben, das von der Pietät der Rechtsgemeinschaft getragen ist, die sich bekanntlich nicht befehlen läßt. »Ich will mein Gesetz in ihr Herz legen«, das und nichts anderes ist die Art und Weise eines echten Gesetzgebers, wobei es nicht in seiner Hand ist, ob ihm dies auch gelingen wird. Wir sind nicht Herren über Ganzheit, weil wir nicht Herren über das Leben sind, wenngleich wir Lebewesen zeugen, sofern sie uns geschenkt werden. So sind wir auch nicht Herren über das Recht, wiewohl wir Gesetze geben und Urteile fällen und insoweit an der Schöpfung des Rechtes mitwirken, das eine Gesamtschöpfung des ganzen Volkes in seiner Geschichte ist, was die historische Schule den »Volksgeist« nannte, in und aus dem das Recht hervorwächst, was nicht als willensschwacher Quietismus und beschränkte Gesetzgebungsfeindschaft verstanden werden will. Recht ist Praxis und Praxis ist Wille, was nicht geleugnet wird. Das aber muß mit aller Betonung hinzugefügt werden, daß die historische Rechtsschule mit Recht gelehrt hat: das Leben und das Recht in seinem Leben ist nicht in unserer Macht, wir können es nicht »machen«. Wir sind nicht so allmächtig, wie wir es manchmal glauben und namentlich wir Juristen glauben, wenn wir vom »positiven Recht« reden, was eine Einseitigkeit in jedem Sinne des Wortes bedeutet.

Das ist der Grund, wie wir schon oben andeuteten, weshalb das »positive Recht«, wenn es dies ist, im tiefsten Grunde ungeschichtlich und darum lebensfeindlich ist, weshalb auch die historische Schule mit dem Positivismus nicht einfach gleichgestellt werden darf, wie Savigny und Puchta in ihrer Metaphysik des Volksgeistes deutlich genug erkennen lassen. Der Positivismus in seiner Ungeschichtlichkeit, worin sich die letzte Einheit aller Gegensätze ganz eigentümlich offenbart, ist im schlechten Sinne »naturrechtlich«, ein einseitiger Rationalismus, der von dem Irrationalen, das dazu gehört, nichts weiß und wissen will, weshalb ja der »Naturrechtsteufel« die »Positivisten« am allermeisten am Kragen hat, wie Max Rümelin in seiner letzten Kanzlerrede mit vollem Recht betont hat. Nicht wer das »positive Recht« leugnet, sondern, wer es behauptet, macht sich einer »Überspanntheit« schuldig, weil er unsere Kräfte in Recht und Leben wesentlich überschätzt. Das ungeordnete Nebeneinander von Naturrecht und positivem Recht — darin stimme ich Hans Kelsen vollkommen zu — fordert eine ehrliche Entscheidung, allerdings nicht zugunsten des »positiven« Rechts, das ebenso wie das »Naturrecht« alten Stils kein Dasein hat, weil sie beide Abstraktionen sind. Die Einheit, die wir suchen, ist »das Recht«, das Recht schlechthin und ohne jeden Zusatz und ohne jede Einseitigkeit in Form und Inhalt. Nicht Naturrecht oder positives Recht, auch nicht sowohl Naturrecht als auch positives Recht, sondern Recht, das ist es, was wir meinen.

Darum werden wir, je mehr wir den Positivismus überwinden, je mehr wir einsehen, daß »das Recht« nicht eigentlich, d. h. seinem inneren Wesen nach »positiv« ist, wiewohl oder weil wir es im »Positiven« erkennen, um so mehr auch das abstrakte und darum schädliche »Naturrecht« im alten Sinne überwinden, das in der abstrakten und schädlichen »Begriffsjurisprudenz« auch heute noch mitunter sich breit macht und die Geschichtlichkeit und Lebendigkeit des Rechtes gefährdet, wenn nicht tötet. Die höchste Geschichtlichkeit im Sinne höchster Gegenwärtigkeit ist auch die höchste Natürlichkeit im Recht, weil sie konkretes Naturrecht bedeutet, das mit unserm Leben aufs innigste verwachsen ist. Ein Recht, das nicht mit uns verwachsen ist, indem es uns fremd gegenübersteht, ist ein entartetes und schlechtes Recht. Es ist nicht »unser« Recht. Es ist nur scheinbar Recht, in Wahrheit aber Unrecht, weil es uns knechtet und vergewaltigt. Und wenn es richtig ist, daß wir heute »weltanschaulich« so zerklüftet sind, daß es ein allseitig befriedigendes Recht nicht gibt und geben kann, so folgt daraus gewiß nichts anderes, als daß das Recht die Weltanschauung nach Möglichkeit solange frei geben muß, bis diese Übergangszeiten eines weltanschaulichen Kampfes aller gegen alle wieder überwunden sind, was unbedingt kommen wird und kommen muß, wenn wir uns als Volk und Kulturnation nicht einfach auflösen wollen. Jede Zeit fordert ihr Recht, die Übergangszeit ein anderes als die

Zeit mit größerer Geschlossenheit und Einheit. Das Recht ist seinem Wesen nach Friedensordnung, woraus sich seine Aufgabe im Kampf der Weltanschauungen ganz klar und deutlich abzeichnet. Recht und Kultur, Staat und Nation sind eine Einheit in der Zweiheit, so daß sie sich auch weithin sondern können, wenn sie nicht recht zusammenstimmen. Dann müssen Staat und Recht sich möglichst auf die Form zurückziehen, damit sie Volk und Leben nicht erdrücken. Ein betont neutraler Rechts- und Notstaat ist besser als ein einseitiger Partei- und Gewaltstaat. Notzeiten fordern Recht und Staat der Not, was außerdem dem deutschen Rechts- und Staatsgedanken gar nicht so fern liegt, wie das Mittelalter zeigt. Nicht daß er nicht »Kulturstaat«, sondern daß er ohnmächtig war, daß er den Frieden nicht mit starker Hand erhielt und schützte, macht den »deutschen Staat des Mittelalters« so erbärmlich. Es kann kein Zufall sein, daß das deutsche Recht Genossenschaftsrecht ist und daß wir für das Lehnwort Staat ein anderes deutsches Wort nicht haben als: Gemeinwesen. Ein Gemeinwesen aber ist das, was sein Name sagt, ein Wesen, das in und von der Gemeinschaft lebt, wie sie von ihm. Der Staat schwächt seine Autorität, wenn er Partei ergreift, und wäre es auch nur im Sinne der auch ihn kompromittierenden Weltanschauungskompromisse. Ihm ziemt es nicht zu rechten, sondern zu richten, was er nur kann, wenn er sich über den Parteien hält, worin ich Emanuel Hirsch, der dies besonders eindrucksvoll gefordert hat, durchaus zustimme. Wer die Entstaatlichung der Weltanschauung und namentlich der Religion wünscht — und wer täte das heute nicht — muß auch das Umgekehrte wünschen und vor allem wollen: Die möglichste »Entpolitisierung« von Recht und Staat und Recht und Gericht, bis sich das Volk in seiner Zerrissenheit wieder »zu Recht gefunden« hat. In dieser doppelten Beschränkung also wäre das Ideal des Kelsenschen Positivismus ratione temporum habita durchaus annehmbar als eine Art von Positivismus aus Metaphysik! Der Positivismus darf uns nicht nur das rote Tuch sein und nicht das radikale Böse heißen. Die Äußerlichkeit und »Geistlosigkeit« eines Rechts im Sinne Hegels, seine formale Resignation kann seine Ehre und sein Vorzug sein, nämlich dann, wenn sonst die Gefahr besteht, daß es das Leben in seinem Reichtum, in seinem Überfluß, in seinem Werden hemmt und hindert oder gar tötet. Autonomie oder »Selbstbestimmung« und damit Freiheit ist ein urdeutscher Gedanke in Recht und Sittlichkeit. Auf diese Weise hat auch das böse Wort: »Religion ist Privatsache« einen guten Sinn, indem sie zwar Volks-, aber jedenfalls nicht Staatssache ist, was ihr zugute kommen kann. Wir sollten uns von allen Schlagworten nach Möglichkeit frei machen, darunter auch von dem des »Nachtwächterstaates«. Wenn er nur Staat ist, d. h. Ordnung hält, dann mag er ruhig Wächter heißen, so lange es Nacht ist! Es wäre nicht das erste Mal, daß ein Wort des Schimpfes und ein Zeichen der Schande zum Symbol des Lebens geworden ist. Nicht Vermischung oder gar Vernichtung, sondern Gliederung und damit Entfaltung ist der Sinn des wahren Lebens. Der Staat ist das Gemeinwesen, das allen Frieden bedeutet, die guten Willens sind. Er muß den Unterschied von echter und unechter Synthese, von Verstehen und Verständigung, von Frieden und Kompromiß wieder lernen. Der Staat ist nicht Parteistaat und nicht einmal Parteienstaat. Er ist vielmehr Gemeinwesen, das Wesen der Gemeinschaft, die in ihm lebt und webt, ohne in ihm aufzugehen, wie wir noch später sehen werden. Er ist das Volk in Rechtsform, was man mehr oder weniger unterscheiden kann, wie es die Zeit erfordert, weshalb die Staatsidee wie jede Idee eine geschichtliche Angelegenheit ist. Eines schickt sich nicht für Alle.

Das aber ist das furchtbare Verhängnis am weltanschaulichen und »reinen« Positivismus, daß ihm der Blick für Art und Unart, für Sein und Schein, für das Wesentliche und damit wahrhaft Geschichtliche verloren geht, weil er am Positiven, an der Außenseite haften bleibt. Wer wissen will, was Recht in Wirklichkeit und Wahrheit ist und was es leisten kann und leisten soll, darf nicht »auf dem Boden der Tatsachen« stehen bleiben, die uns auch irreführen können. Der Empirismus ist ebenso einseitig und schädlich wie der Apriorismus, worin das ewige Recht des Kritizismus zur Geltung kommt. Derjenige erkennt am besten Recht und Rechtes, der sich von ungeprüften Vorurteilen am meisten frei macht, was wir Kritik nennen. Der Positivismus ist ein solches Vorurteil, weil er das Positive, ohne es zu prüfen, für Recht und damit für recht hinnimmt. Aber auch der Kampf gegen ihn, der Antipositivismus, kann ein solches Dogma werden, das nicht minder schädlich ist. Die Wahrheit wird uns frei machen, frei von der Knechtung durch die Schlagworte, durch das »Positive«, dessen Geist und Sinn wo es uns anbefohlen ist, wir umso demütiger und ehrfürchtiger achten werden, auch wo wir ihn mißbilligen, je mehr wir ihm mit Kritik, d. h. im »denkenden Gehorsam« dienen, um mit den Worten Philipp Hecks zu reden. Denn nicht das Positive, sondern das positive Recht wird hier verworfen, um es mit aller Deutlichkeit noch einmal zu sagen. Das »positive« Recht bedeutet eine Verdinglichung und Materialisierung des Rechts, eine Substanzialisierung im schlechten Sinne — es gibt auch eine solche im guten Sinne! —, die seinem wahren Leben und seiner wahren Wirklichkeit hindernd im Wege steht, weshalb es mehr als nur ein schlechter Ausdruck ist, der hier bekämpft wird. Wie wir uns ausdrücken, so denken wir im Grunde und umgekehrt. Es ist ein »dinglicher«, d. h. in Wahrheit materialistischer Wirklichkeitsbegriff, der hier zutage tritt, was der Grund ist, weshalb ich mich beim »positiven« Recht, wenn es das Recht, die Rechtsordnung, zu sein beansprucht — und das tut es doch —, so lange aufgehalten habe. Im Anfang war das Wort. »Wortstreitigkeiten« sind im Grunde auch Sachstreitigkeiten, wie wir noch später im besonderen kennen lernen werden.

IV.

Aber wie das Recht nicht wesentlich positiv, also ist die Wirklichkeit, womit wir das Besondere nunmehr einem größeren Zusammenhange einordnen, nicht wirklich im Sinne ihrer Einzelheiten. Sie ist kein Einzelding, ja sie ist überhaupt kein Ding. Sie ist nicht dinglich, nicht »real«. Dinge sind wirklich und Dinge kann man erforschen und untersuchen. Man kann sie greifen und begreifen. Sie sind Gegenstände des Wissens und der Wissenschaft. Aber die Wirklichkeit in ihnen, die in ihnen wirkt und sie zum Wirklichen macht und ihre »Substanz« im echten Sinne bedeutet, die kann man nicht erforschen, sondern nur erkennen; und man erkennt sie, indem man sie in den begriffenen Dingen begreift. Man begreift sie mittelbar, obwohl oder gerade weil man sie unmittelbar in seiner Anschauung mitbringt, wie wir schon oben ausgeführt haben. Wirklichkeit ist nicht nur mittelbar im Denken erschlossen, sondern auch, und zwar wesentlich, unmittelbar in der Anschauung offenbar. Nur das Bekannte und doch Unbekannte ist erkennbar, oder wie Goethe so wunderbar sagt: »Was man weiß, sieht man erst.«

Dinge haben Wirklichkeit, nämlich eine Wirklichkeit, Wirklichkeit von der Wirklichkeit, an der sie Teil haben, wie Platon lehrt. Wirklichkeit haben heißt, an der Wirklichkeit Teil haben, die in ihnen und in allem wirkt, das wirklich ist. Darum ist die Wirklichkeit, an der die Dinge in ihrer Wirklichkeit Teil haben, nicht Dinglichkeit oder »Realität«, sondern etwas anderes, das sie einschließt. Die Dinge in ihrer Dinglichkeit sind in der Wirklichkeit begriffen. Die Wirklichkeit begreift die Dinglichkeit, wie auch die Dinglichkeit Wirklichkeit begreift. Dinglichkeit ist eine, nicht aber die Wirklichkeit; sie ist mit nichten die ganze Wirklichkeit.

Dieses andere, das die Dinglichkeit einschließt und begreift, das die Gegenständlichkeit der Dinge möglich macht, das es dahin bringt, daß sie Gegenstände sind, indem sie entgegenstehen, nämlich einem anderen entgegenstehen, nennen wir Ichheit. Wirklichkeit ist Ichheit. Darum ist sie Wirken, nicht nur Wirkendes und Gewirktes. Sie ist die Einheit und Ganzheit, der Inbegriff der Dinge, der unerforschlich, wenngleich erkennbar ist. Die Ichheit als die Begreiflichkeit der Dinge ist nicht selbst begreiflich im Sinne dieser Dinge. Sie ist die Wirklichkeit der Dinge und die Wahrheit, die wir in ihnen erkennen, indem wir ihnen gleichsam in das Herz schauen. Wahrheit ist erkannte Ichheit, weshalb alle Erkenntnis im Ich aufsteigt, als Selbsterkenntnis wie wir gesehen haben, von innen und nicht nur von außen, da nur das Ich zum Ich unmittelbar und ursprünglich spricht. Darum sind die Dinge um so wirklicher, je mehr sie Ichheit haben und erkennen lassen, und ihre Wahrheit ist uns um so offenbarer, je mehr sie Ichheit offenbaren. Es gibt Grade der Wirklichkeit im Wirklichen und Grade ihrer Erkennbarkeit und Begreiflichkeit. Die Wirklichkeit ist ein Stufenreich, was Gliederung bedeutet. Die Erkenntnis ist gegliedert und die Begreiflichkeit auch.

Darum ist die Wirklichkeit, obschon wir sie im Wirklichen erkennen, »als solche« unerkennbar. Wir wissen nicht, was Wirklichkeit »an sich« ist, wenngleich wir sie als Ichheit erkennen, da wir nicht wissen, was die Ichheit »eigentlich« ist. Was die Wirklichkeit in Wirklichkeit, was sie eigentlich ist, das wissen wir nicht.

Wie die Forschung am Erforschlichen, also findet die Metaphysik am Unerforschlichen und doch Erkennbaren, d. h. Ursprünglichen, das Ende ihrer Kunst. Jene erschöpft sich in der Dinglichkeit, in der Richtigkeit ihrer Feststellungen, diese in der Wirklichkeit, in der Wahrheit ihrer Erkenntnisse. Jene geht auf Richtigkeit, diese auf Wahrheit, jene, wenn man so sagen will, auf formelle, diese auf materielle Wahrheit. Was aber die Wahrheit nun eigentlich selber sei, das weiß keine von beiden zu sagen, auch nicht die Metaphysik. Sie kommt nicht »hinter« die Wahrheit, die ihr das Höchste ist, und braucht auch nicht dahinter zu kommen. Denn wenn die Wahrheit erkannte Wirklichkeit ist, so kann es etwas Höheres als sie nicht geben. Über die Wirklichkeit und ihre Erkenntnis kann man nicht hinausgehen und hinausfragen, da außerhalb von ihr nichts ist und sein kann. Alles, was ist und sein kann, ist in der Wirklichkeit oder die Wirklichkeit selbst. Darum kann man nicht »hinter« die Wahrheit und auch nicht »hinter« die Wirklichkeit kommen wollen und kommen, weil hinter ihr nichts ist, noch sein kann. Metaphysik ist nicht einseitige Transzendenz, nicht nur »Jenseitigkeit«, sondern auch Diesseitigkeit, weil sie Ganzheit ist.

Auch die Religion, an die man sich zu wenden versucht sein möchte, kommt nicht darüber hinaus. Aber — und darin besteht ihre Eigenart und Selbständigkeit, auch gegenüber der Metaphysik — sie gibt der Wirklichkeit und Wahrheit einen neuen Sinn, der uns bisher nicht offenbar war, indem sie sagt: Ich bin der Weg, die Wahrheit und das Leben. Insofern weiß sie mehr als die Metaphysik, indem sie die Pilatusfrage, die vor der Metaphysik keinen Sinn mehr hat, dennoch sinnvoll beantwortet. Darum ist sie die Offenbarung, die Offenbarung aller Offenbarungen, weil sie die Wirklichkeit und Wahrheit als solche, nämlich als Gott und sein Werk, offenbart. »Der natürliche Mensch aber vernimmt nichts vom Geiste Gottes; es ist ihm eine Torheit, und er kann es nicht erkennen; denn es muß geistlich gerichtet sein.« Insofern weiß auch die Theologie mehr als die — sit venia verbo — übrige Philosophie, was man heute allerdings im Zeitalter der »dialektischen Theologie« kaum noch so ausdrücken darf, wo man bestrebt ist, Theologie und Philosophie, Gott und Welt so abgrundtief wie möglich von einander zu scheiden, und dies dann »Dialektik« nennt, was eine Einheit in der Zweiheit bedeutet!

Aber Gott ist nicht nur jenseits, sondern auch diesseits, und wenn er religiös gesprochen die Wirklichkeit und Wahrheit ist, so ist er es auch philosophisch, da es eine doppelte Wahrheit und Wirklichkeit nicht geben kann. Es gibt nur eine Wahrheit, nur eine Wirklichkeit, nur eine Wissenschaft, nur eine Erkenntnis, was der Kerngedanke dieser Schrift ist. Semper idem. Es ist alles dasselbe, worin und wie es auch erscheine. Die Welt in allen ihren Erscheinungen ist die Erscheinung eines und desselben, nämlich Gottes. Gott ist die höchste Wirklichkeit. In ihm leben und weben und sind wir und was sonst noch Wirklichkeit hat. Himmel und Erde sind seiner Hände Werk. Er ist das Ich, das alle und alles begreift und »alle Ding erhält allein«. Er ist die Ichheit, von der wir oben sprachen. Er ist der Schöpfer, der die Welt geschaffen hat und schafft und schaffen wird, weshalb wir, die wir seine Geschöpfe sind, nur »mit Gott«, nicht aber ohne oder wider ihn etwas vollbringen, was von Dauer ist, wie wir bei der Rechtschöpfung bereits gesehen haben. Die Wirklichkeit des Rechts ist Gottes Wirklichkeit. Es ist von Gottes Gnaden.

Aber wir steigen im Stufenreich der Wirklichkeit nicht nur von oben nach unten, sondern auch von unten nach oben. Von dem Wirklichen, das nur dinglich ist, weil es nur an der Ichheit und Wirklichkeit Teil hat, ohne selbst solche zu eigen zu haben, von den Dingen, denen Eigenheit und Selbständigkeit fehlt, wenigstens, soweit wir urteilen können, indem wir ein eigenes Ich in ihnen nicht zu erkennen vermögen, von den Naturdingen also, wie wir sie nennen, schreiten wir hinauf zu den Naturwesen, die zwar auch dinglich, aber nicht nur dinglich sind, weil sie ein eigenes Ich erkennen lassen, das in ihnen wirksam ist. Ihnen schreiben wir mehr Wahrheit und eine höhere Wirklichkeit zu als jenen, rechnen sie zur organischen und nicht wie jene zur anorganischen Natur, weil sie sich gliedern, was jene nicht tun. Sie sind gegliedert und darum unteilbar, weil sie ein eigenes Ich zu verlieren haben, das jenen, wie es scheint, fehlt. Darum nennen wir sie individuell. Nur das Organische, das Gegliederte, das sich gliedert, ist individuell. Es ist nicht Bruchstück, wie das Anorganische, das aus einem Ganzen, aus einer Wirklichkeit herausgebrochen ist und deshalb weiter gebrochen werden kann. Es ist nicht nur Ding, sondern eben auch Wesen, Naturwesen mit eigener Wirklichkeit.

Aber nicht nur das Anorganische, sondern auch das Organische weist über sich hinaus, nämlich auf das Überorganische, womit wir das Reich der Natur im strengen Sinne verlassen, um in Kultur und Geschichte hinüberzugehen, ohne diese voreilig und kurzerhand auf den Menschen zu beschränken, obwohl wir es hier nur mit menschlicher Kultur und Geschichte zu tun haben. Denn es liegt nicht im Menschen, sondern im Naturwesen, das er auch ist, daß er Kultur und Geschichte haben kann und hat, nach seiner Begabung, weil er sie braucht. Naturwesen brauchen Kultur, brauchen Pflege, auf die sie angewiesen sind, und zwar um so mehr, je mehr Wirklichkeit und Ichheit sie haben. Je höher ein Naturwesen steht im Reiche der Natur, um so weniger lebt es aus sich selbst, um so mehr ist es zur Kultur und damit zur Gemeinschaft bestimmt. Denn das Naturwesen ist nicht »bloß« Natur. Wäre es bloß Natur, so wäre es eben kein Naturwesen, sondern ein Naturstück, ein Ding wie jedes andere. Das Naturwesen aber ist auch Wesen, ein Wesen der Natur und insofern mehr als Natur, aus der es mehr oder weniger hervorragt, weil es zu Höherem berufen ist. Freilich ein Höheres als Natur wird es erst dann, wenn es den Ruf dazu annimmt und Pflege übt, womit es sich aus einem Naturwesen in eine Kulturperson verwandelt. Kulturperson sein heißt, um seinen Kulturberuf wissen, ein Wissen um Berufung haben, was wir Gewissen nennen, das uns nur beim Menschen unbedingt sicher ist, weil wir von den übrigen Naturwesen, von den Naturdingen ganz zu schweigen, zu wenig wissen, indem wir ihre Sprache zu wenig verstehen. Vom Menschen aber wissen wir, daß er Gewissen, daß er Kultur und damit auch Geschichte hat, da ja seine Geschichte nichts anderes ist, als die Wirklichkeit, die er als Kulturperson hat. Kultur haben heißt Geschichte haben, und umgekehrt. Alle Geschichte ist Kulturgeschichte, und alle Kulturpersonen haben Geschichte. Sie haben ihre Zeit, in der sie sind, was wir ihre Geschichte nennen.

Aber die Kulturpersonen sind es nicht allein, die Kultur und Geschichte haben. Auch von ihrer Gemeinschaft nehmen wir dies an. Denn alle Kultur ist ihrem Wesen nach Gemeinschaftskultur. Wer nur sich selbst pflegt, ohne der anderen zu gedenken, die auf ihn angewiesen sind, wird bald inne werden, daß er seinen Kulturberuf nicht voll erfaßt hat, als der Egoist und »Idiot«, der er dann ist. Eine Kultur von Eigenbrödlern und Einsiedlern, wenn man sie überhaupt für denkbar hält, hätte nur den einen Sinn, auszusterben und zugrunde zu gehen. Nur in der Gemeinschaft kann Kultur bestehen, und umgekehrt, weil sie auf sterbliche Naturwesen gegründet ist. Alle Kultur ist Gemeinschaftskultur, weil sie ohne Gemeinschaft ausstirbt, und alle Gemeinschaft ist Kulturgemeinschaft, weil sie ohne Pflege verfällt. Die Pflege ist die Wirklichkeit der Gemeinschaft. Ungeflegte Gemeinschaft ist keine wahre Gemeinschaft. Pflege aber bedeutet Verstehen. Wenn die Gemeinschafter sich nicht verstehen und nicht verständigen, so ist es mit der Pflege und mit der Gemeinschaft aus. Alle Gemeinschaft ist als Kulturgemeinschaft Sprach- und damit Sinngemeinschaft. In Gemeinschaft stehen heißt eines Sinnes sein, heißt sich verstehen oder sich wenigstens verständigen, wenn das Verstehen brüchig wird, womit sie in »Gesellschaft« übergeht, die eine »künstliche» und darum keine echte, sondern eine Ersatz-Gemeinschaft ist.

Und damit haben wir das wesentliche von der Kulturgemeinschaft gesagt, so daß ihr nur noch der Name zu geben ist, der ihrer wartet, nämlich der des Volkes. Das Volk ist die Sprach- und Sinngemeinschaft, die wir meinen, wenn wir nichts besonderes hinzusetzen. Es ist die Gemeinschaft schlechthin, in der die Kulturpersonen ihre Geschichte haben, wie sie in ihnen. Alle Geschichte ist Volks- und Völkergeschichte und nur in diesem Sinne Weltgeschichte. Sie ist die Wirklichkeit von Volk und Völkern, die darum geschichtliche Größen sind. Nur in der Geschichte gibt es Völker, wobei nicht entschieden zu werden braucht, ob es nur menschliche Völker gibt, wo wir es jedenfalls am besten sehen.

Darum ist das Volk, was für das Recht entscheidend ist, kein Naturwesen wie der Mensch und darum auch nicht Kulturperson im strengen Sinne. Vielmehr ist es das, was sein Name sagt, eine Schar von Leuten, ein »Heereshaufen«, der unter demselben Oberbefehl und unter demselben Schicksal steht. Volk ist Volksgemeinschaft. Es ist Sprach- und Ausdrucksgemeinschaft eines Geistes und damit Geistesgemeinschaft. Das Volk ist eines, nämlich seines Geistes voll, weshalb wir durchaus mit Recht vom »Volksgeist« reden, der niemals Dinglichkeit, sondern immer

Wirklichkeit bedeutet, was eigentlich nur Schwärmer oder Materialisten mißverstehen können, weil sie beide, jeder im entgegengesetzten Sinne, nicht wissen, daß Wirklichkeit nicht immer Dinglichkeit bedeutet. Der Volksgeist ist die Wirklichkeit des Volkes, den der Geschichtsforscher, weil er im Materialen, im Dinglichen und damit Erforschlichen bleibt, nicht sieht und sehen kann, den aber der Geschichtsschreiber beschwört und beschwören muß, wenn er die Geschichte dieses Volkes wirklich und wahrhaft schreiben will. Der Volksgeist ist das Volk als Subjekt. Denn wenn auch das Volk zwar nicht Kulturperson ist, weil es nicht Naturwesen ist, so ist es doch Kultursubjekt, weil es Kulturgemeinschaft ist. Kulturperson oder Kulturwesen und Kultursubjekt oder Kulturträger sind nicht genau dasselbe, weil nicht nur Personen, sondern auch deren Gemeinschaften Kultur haben, womit sie Kultursubjekte sind. Die Kulturperson ist Kultursubjekt, nicht aber jedes Kultursubjekt Kulturperson.

Diese Einsicht ist deshalb wichtig, weil sie dem Volke die Wirklichkeit läßt, ohne sie in Dinglichkeit zu vergröbern. Das Volk hat keinen Körper, wie ihn seine Angehörigen als Kulturpersonen und Naturwesen, die sie sind, haben. Es ist nicht körperlich und darum auch nicht dinglich. Es ist nicht organisch, wie seine Angehörigen als Naturwesen und Kulturpersonen es sind, sondern es ist überorganisch, weshalb man nur im übertragenen Sinne, nur im Bilde, das mehr als ein Bild ist, vom Volkskörper und seinen Gliedern reden kann. Das Volk ist nicht eine Art Übermensch, wohl aber wie ein Mensch, und seine Glieder sind nicht Glieder, wohl aber wie Glieder, wobei man das Wie weder nach der einen noch nach der andern Seite überhören darf. Nimmt man nämlich das Wie für bare Münze, wozu die »organische« Auffassung neigt, so besteht die Gefahr, daß man in Naturalismus und Bilderdienst abgleitet und das Volk zu einem Naturwesen macht, das es nun einmal nicht ist. Streicht man aber das Wie weg in blinder Bilderstürmerei, so droht uns der fast noch schwerere Fehler, daß wir ihm seine Subjektivität und damit seine Wirklichkeit und Wahrheit antasten, es aus einer lebendigen Ganzheit und Gemeinschaft in eine tote Summe und Gesellschaft verwandeln. Beides ist unrichtig, und vor beidem bewahrt uns die Sprache, wenn sie uns von den Völkern reden läßt, als hätten sie wie Menschen Leib und Seele, die sie doch nicht haben. Denn daß wir überhaupt so reden können, ist ein Zeichen dafür, daß zwischen Volk und Mensch eine geheime Identität, eine Einheit in der Verschiedenheit besteht, die uns zum Nachdenken anregen sollte, statt daß wir sie mit überlegener Geste kurzerhand beiseite schieben. Nur mit einem Naturwesen, nicht mit einem Naturding, nur mit einem Organischen, nicht mit einem Anorganischen können wir das Volk im Ernst vergleichen. Das ist es, was uns die Sprache offenbar macht. Sie lehrt uns erkennen, daß das Volk zwar nicht gewachsen ist, wie ein Naturwesen wächst, aber auch nicht gemacht wird, wie man ein Ding macht. Sondern es ist geschaffen, weshalb wir es Gemeinschaft nennen, geschaffen durch Kultur und Geschichte, die sein Werk sind, wie es deren Werk ist. Es ist ein Geschöpf im wahrsten und tiefsten Sinn des Wortes, eine Wirklichkeit, die wirkt und gewirkt wird, in ihren Gliedern und von ihren Gliedern, die darum nur wie Glieder sind. Das Volk hat keine Glieder wie das Naturwesen, das sich in seinen Gliedern erschöpft. Sondern es hat Angehörige, von denen es lebt und in denen es lebt. Es gliedert sich nicht wie ein Naturwesen, sondern es gliedert sich nur wie ein Naturwesen, wobei das Wie betont werden muß. Denn die Glieder eines Volkes sind nicht nur Glieder, sondern auch Einzelne. Sie haben ihm gegenüber auch ein eigenes Leben, auch Selbständigkeit, auch Freiheit, was heutzutage, wo ein einseitiger Sozialismus hüben wie drüben das Wort führt, mit allem Nachdruck zu betonen ist.

Die Angehörigen eines Volkes, die Volksgenossen, sind nicht nur Volksgenossen, wenngleich sie es auch sind. Sie sind nicht nur »Funktionäre« des Volkes, sie gehen nicht darin auf. Volksgenosse sein heißt mehr als Volksgenosse sein. Es ist nicht das Höchste, sondern das Mindeste, was man von ihm verlangen muß. Mit der Volksgemeinschaft fängt das Leben jedes einzelnen an, wie schon die Geschichte lehrt, und, wer mehr als Volksgenosse sein will, wozu er bestimmt ist, muß zunächst einmal dieses sein. Aber, wie auch das Volk über sich hinausweist in die Gemeinschaft der Völker, was zu leugnen, wie ich glaube, eine unbegründete und unbegründbare Einseitigkeit ist, also muß auch der Volksgenosse den Ruf zu Höherem in sich spüren. Denn nur wenn er über sich und sein Volk hinauswächst, ohne dieses zu vergessen und zu verleugnen, was dem Selbstmord gleichkäme, hat er diesem gegenüber die Unabhängigkeit und Stärke, die Selbständigkeit und Freiheit, die beiden frommt. Ein Volk, dessen Glieder sich nur als Glieder wissen, hört bald auf Kultursubjekt zu sein, weil es nicht mehr Kulturgemeinschaft ist. Es sinkt zur organischen Einheit eines Naturwesens herab, ohne es zu sein. Es dämmert dahin ohne wahres Leben, dessen Seele der Kampf, die Auseinandersetzung freier Persönlichkeiten miteinander ist, dem der Friede folgt. Ein Kulturvolk sein heißt letztlich nicht, »eine Herde und ein Hirte« sein, wenn man dieses Wort genau nimmt, kann es nicht heißen, weil die Freiheit dabei verloren ginge, die sein Leben und seine Wirklichkeit bedeutet. Die Individualität des Volkes fordert die Individualität seiner Angehörigen, die nicht nur Ja, sondern auch Nein sagen können, wenn es auf falschem Wege ist, weil sie einen eigenen Willen haben, dem sie verpflichtet sind in ihrem Gewissen. Die »Nationalen« und die »Internationalen«, die »Sozialisten« und die »Individualisten« sind nicht wie gut und böse voneinander geschieden. So einfach sind die Gestalten dieses Lebens nicht, daß man die einen auf die rechte, die andern auf die linke Seite stellen könnte. In jeder Art liegt der Keim zur Entartung, in jedem Guten der Hang zum Bösen, und das Entweder-Oder geht mitten hindurch durch alles, was auf Erden ist. Wie es ein Volk im guten Sinne gibt, also gibt es auch ein solches im schlechten Sinne, und zwar in allen seinen Erscheinungsformen, wo es auch sei, nicht nur beim profanen vulgus, beim sogenannten Pöbelvolk, sondern auch beim »gebildeten« Publikum. Die öffentliche Meinung entartet, wenn ihr niemand »seine« Meinung sagt. Die Gemeinschaft fordert nicht nur den Gemeinder, sondern auch den Einzelnen, nicht nur das Glied, sondern auch den »Sonderling«. Man soll Gott mehr gehorchen als den Menschen, auch mehr als seinem Volke, wenn es einmal darauf ankommt. Das Volk ist eine, nicht aber die Wirklichkeit. Es muß sich in das Ganze eingliedern. Auch das Volk ist nur von Gottes Gnaden, genau wie jeder einzelne. Auch der Individualismus, der heute mit dem Liberalismus zusammen so verachtet ist, hat sein gutes Recht, weil nur der Sozialismus Recht hat, der ihn aufhebt und überwindet, ohne ihn zu zerstören und zu vernichten. Den Volksgenossen nicht auch als Individualität und als Privatperson, sondern nur als Volksglied und Gliedperson gelten lassen hieße, das Volk zum Gotte machen und damit dem Götzendienst, dem echten Bilderdienst, von dem wir oben sprachen, verfallen. Das

Volk ist eine Gemeinschaft, eine Gemeinschaft von Persönlichkeiten, die miteinander ringen um die Einheit, die sie versöhnt, um den Frieden im Kampf. Volkheit ist Wirklichkeit, sie will geschaffen und errungen sein. Das Volk ist niemals »Masse«, und jedenfalls sind seine Glieder nicht »Exponent der Masse«, wodurch jede echte Gemeinschaft geleugnet und im Keime zerstört wird. Gemeinschaft gibt es nur, wo echter »Eigensinn« vorhanden, jedoch überwunden und nicht vernichtet ist.

B.

Darum braucht das Volk, will es wirklich Kulturgemeinschaft sein, eine Kampf- und Friedensordnung, in der es lebt und ringt, soll nicht ein Krieg aller gegen alle ausbrechen, der jede Gemeinschaft unmöglich macht, soll nicht eine ungebildete und ungepflegte Horde, eine chaotische »Masse« das Endergebnis sein. Volks- und Kulturgemeinschaft fordert Volks- und Kulturordnung und damit letztlich auch das Recht, wodurch es zum Rechtsvolk und zur Rechtsgemeinschaft wird. Das Recht ist die Kampf- und Friedensordnung eines Volkes, worin seine wesenhaft formale Art, die nicht formalistisch zu sein braucht, seine schlichtende, unparteiische und darum Gerechtigkeit bedeutende Weise wunderbar zutage tritt, die auch dem Staate eignet, in dem es seinen Höhepunkt erreicht. Es ist die ultima ratio seiner Kultur, ihre Bedingung und ihre Vollendung, weil es ihr Schwert ist. Es gehört zur Kultur und sie zu ihm. Darum ist alles Recht Kulturrecht und als Kulturrecht die Wirklichkeit des Volksgeistes im Zeichen der Gerechtigkeit. Wie ein Volk sein Recht gestaltet, so denkt sein Volksgeist, so denkt er die Gerechtigkeit. Dabei ist nicht zu vergessen, daß die Idee und also auch die Idee der Gerechtigkeit zwar mit der Wirklichkeit identisch ist, insofern auch sie wirklich ist, aber gerade darum auch von ihr verschieden ist, so gewiß wir Idee und Wirklichkeit einander gegenüber stellen und stellen müssen. Auch ist nicht außer acht zu lassen, daß das Volk, wodurch es sich vom Staate unterscheidet, nicht eine Person, sondern eine Personengemeinschaft bedeutet, wie wir dies eben näher ausgeführt haben. Beides ist wesentlich, wollen wir nicht in einen einseitigen und darum schlechten Idealismus verfallen, dem keine Wirklichkeit und keine Wahrheit zukommt, weil er das Leben nicht begreift.

I.

Darum ist das Recht nicht die Gerechtigkeit in Reinkultur, so daß es manches geben mag und sogar geben muß in ihm, was ungerecht genannt werden muß und wird. Es ist nicht alles gerecht am Recht, es gibt auch schlechtes Recht, was sogar zu seinem Wesen gehört. Dennoch ist es der Ausdruck und die Erscheinung der Gerechtigkeit, weshalb es uns verpflichtet, als die Sprache, in der sie zu uns spricht, in der wir sie verstehen. Wie wir die Wirklichkeit überhaupt in der Muttersprache am besten denken und erkennen, indem wir diese durchdenken und durchschauen bis auf ihren Grund, also denken und erkennen wir auch die Gerechtigkeit in unserm einheimischen Recht am besten, indem wir ihm auf den Grund gehen, womit wir es zu Ende denken.

In seinem Grunde aber ist jedes Recht gerecht, mag es auch in Einzelheiten fehlgehen, und muß es sein, weil und soweit es die Ordnung der Gemeinschaft und damit von der Gerechtigkeit gerufen ist. Für Recht erkennen heißt, dem Rufe der Gerechtigkeit folgen und ihrer Stimme nachgeben, die Dinge und die Menschen in ihrer Ganzheit und nicht von einer Seite aus behandeln und betrachten. »Einseitigkeit« ist das Wesen der Ungerechtigkeit; Gerechtigkeit hört auch »die andre Seite«, weil sie Gemeinschaft stiftet. Denn wenn dies nicht geschieht, wenn der Gesetzgeber oder der Richter »einseitig« vorgeht, wenn er wider seine innere Stimme, wider besseres Wissen, wider seine Überzeugung handelt, wenn er nicht ruhig hinhört, was die Gerechtigkeit ihm im einzelnen Falle zu sagen hat, wenn er ihr Bild nicht in sich aufsteigen läßt, weil er geblendet und verblendet ist von Einseitigkeit und äußerem Schein, so hat er nicht für Recht erkannt, so ist sein Gesetz, sein Urteil in Wirklichkeit und Wahrheit kein Recht, mag es auch eine Weile diesen Anspruch erheben und mit Gewalt durchsetzen. Es kommt der Tag, wo diese »Einseitigkeiten«, diese »diktierten« Scheingesetze dahinsinken, wenn sie nicht gar gestürzt werden, weil sie sich nicht nach ewigen Gesetzen gerichtet haben. Lügen haben kurze Beine, wie der Volksmund sagt, auch im Rechtlichen. Was nicht aus der Wahrheit ist, hat keinen Bestand, kann ihn nicht haben, weil alle Wahrheit erkannte Wirklichkeit und Ganzheit ist. Wer die Wahrheit spricht, spricht aus der Wirklichkeit in die Wirklichkeit. Er kann wirken, der andere nicht, wenigstens nicht auf die Dauer. Darum kann ungerechtes Recht nicht bleiben und bestehen; denn es ist unwahres und darum unwirkliches, nichtiges und darum vernichtbares Recht, was nicht formaljuristisch gemeint ist. Es ist wohl Recht, aber Scheinrecht, nur seinem Anspruch, nicht seinem Grunde nach, nur äußerlich, nicht auch innerlich Recht. Es hat Dasein, aber keine Daseinsberechtigung, weshalb es nur ein Scheindasein führt. Es ist ein ius nullum, wenn auch kein ius non existens. Es ist entartet, weil es von seiner Art, seinem Wesen abgefallen ist. Es ist de lege ferenda, wenngleich nicht deshalb de lege lata, es ist materiell, wenngleich nicht deshalb formell nichtig, weshalb es auch Gesetze und Urteile geben kann, die »wider die guten Sitten« verstoßen. Es ist hohles, wertloses, rein formales, nur »positives« Recht ohne Substanz, ohne Gediegenheit im Sinne Hegels. Es ist unechtes Recht, bei dem jeweilen zu prüfen ist, ob es überhaupt noch Recht ist. Es ist »unwirklich«, nur scheinbar Recht, worin ich Wilhelm Sauer[1]) durchaus zustimme. Ungerechtes Recht ist nur von einer Seite, nämlich der Form nach, nicht dem Gehalte nach Recht, worin eben seine Ungerechtigkeit besteht, die Einseitigkeit bedeutet. Wirklichkeit und Gerechtigkeit sind eins im Rechtlichen, obwohl oder gerade, weil sie sich auch unterscheiden können und sogar unterscheiden müssen, so gewiß das Recht wirkliches Recht und damit verwirklichte Gerechtigkeit ist.

Sie unterscheiden sich aber in der Geschichte. Denn ihre Unterscheidung ist die Rechtsgeschichte. Die Rechtsgeschichte ist die Unterscheidung von Wirklichkeit und Gerechtigkeit, die zusammengehören und sich immer wieder zusammenfinden müssen, wenn ein Recht Bestand haben soll. Denn die Gerechtigkeit, die sich nicht verwirklichte, wäre eine überflüssige Abstraktion; aber die verwirklichte Gerechtigkeit ist nicht mehr »rein«, nicht mehr absolut, sondern relativ, womit sie auch Ungerechtigkeit enthält. Die Gerechtigkeit ist immer unterwegs; denn sie ist der Gang des Rechts, sie ist Rechtsgang oder Prozeß. Sie ist eine geschichtliche Angelegenheit, was von dem alten, abstrakten Naturrecht, aber auch heute noch von jeder geschichts-

---

[1]) Archiv f. R. u. W. Philosophie Bd. 22. 1928.

losen Rechtsbetrachtung, mag sie sich Philosophie oder Politik nennen, so gründlich übersehen wird. Sie ist nicht nur »vor«, sondern vielmehr, und zwar wesentlich in und mit der Geschichte, mit der sie auf Tod und Leben »verwachsen« ist, weil sie recht eigentlich die Geschichte ist, obwohl sie gerade deshalb keine Geschichte hat, wie wir beim Zeitbegriff noch näher sehen werden. Die Gerechtigkeit ist die Substanz der Rechtsgeschichte, von der sie lebt, in der sie sich von Not und Krankheit, Elend und Verfall erholt. Sie ist das Lebensmark des Rechts. »Man suche nur nichts hinter den Phänomenen«, wie Goethe sagt, »sie selbst sind die Lehre«. So ist auch die Gerechtigkeit nicht in irgend einer blassen Lehre hinter dem Recht, sondern sie ist das Recht in seiner Geschichte, die uns die Gerechtigkeit lehrt. Sie ist die Wandlung und Verwandlung, sie ist die ewige Transsubstantiation des geschichtlichen Rechts.

Die Rechtsgeschichte eines Volkes ist seine »Auseinandersetzung« mit der Gerechtigkeit und damit Rechtskritik, sie ist sein Kampf ums Recht, sein Ringen um die Gerechtigkeit, aber auch gegen die Gerechtigkeit, wobei es Sieger und Besiegte gibt wie überall im Leben. Der Lebende hat Recht, und Gott ist immer mit den Starken, die durch ihn stark sind. Aber nur der hat Leben, der es behauptet, nur der ist stark, der bleibt. Die Zukunft wird es lehren und nicht der Augenblick. Augenblickserfolge bedeuten nichts in der Geschichte. Wer heute an der Macht ist, wird sie morgen verlieren, wenn er sie nicht zu halten weiß. Recht ist auch Macht, weil und soweit es »Schwert« ist, daher der Kampf ums Recht auch ein Kampf um die Macht. Nur »Ideologen«, Idealisten im schlechten Sinne, die vor der Wirklichkeit in ihrer Ganzheit die Augen schließen, weshalb sie nur die eine, nur die »gute« Seite sehen, die sie sehen wollen, können dies verkennen. In der Rechtsgeschichte wie in aller Geschichte geht es göttlich und teuflisch und darum menschlich zu, wovon sich jeder überzeugen kann. Es ist der Sinn der Menschen und ihrer Geschichte, daß sie die Möglichkeit sowohl zu Gott als auch zum Teufel in sich tragen, die sie mehr oder weniger verwirklichen, und zwar jeder von ihnen, wer es auch sei, nicht nur der eine oder der andre, dieser oder jener. Darum ist der Kampf um die Macht ein Kampf ums Recht nur dann, wenn er im Zeichen der Gerechtigkeit geführt wird. Nicht um die Macht schlechthin, sondern um die

Macht im Recht, um die Wirklichkeit der Gerechtigkeit ist es zu tun. Wer ums Recht kämpft, kämpft für das Recht, nicht aber wider das Recht, für die Gerechtigkeit, nicht aber wider sie. Er kämpft als Rechtsgenosse um den gerechten Frieden aller, nicht nur als »Interessenvertreter« um seinen »Frieden«, d. h. um seinen Vorteil. Er kämpft in der Gemeinschaft für sich und die Gemeinschaft, als Politiker für die Polis, als Glied der Gemeinschaft und nicht nur als Partei. Sein Wesen und das Gemeinwesen sind ihm eine echte Identität, weil er sie ebensosehr unterscheidet, wie sie ihm zum andern aufs innigste miteinander verwoben sind.

Denn nur, wenn er so kämpft, kämpft er auch recht, und nur wenn er recht kämpft, kann er auch siegen. Die Weltgeschichte ist das Weltgericht auch für den Rechtskampf, wobei man freilich nicht von Tag zu Tage urteilen darf, als wären wir Eintagsfliegen. Denn die Prozesse der Geschichte sind das, was sie von sich sagen, nämlich Prozesse, die ihre Zeit brauchen, weil in ihnen einmalig und darum gründlich verhandelt wird. Von Grund auf wird der Rechtsstreit aufgerollt, und von Grund auf kann er auch nur verstanden werden. Wer ihn von außen ansieht, sieht ihn äußerlich und oberflächlich, so daß er ein begründetes Urteil nicht gewinnen kann. Die Geschichte für sinnlos erklären, wie es oft genug geschieht und in Zeiten der Verzweiflung begreiflich ist, heißt sie von außen und nicht von innen her betrachten und damit einem kritiklosen Dogmatismus huldigen. Es ist ein Standpunkt, der keiner ist, weil er keinen Grund hat. Nur wer auf dem Grunde der Wirklichkeit und darum in der Wirklichkeit steht, kann sie verstehen. Denn wer sich außerhalb davon begibt, verfällt ins Grundlose und ins Sinnlose, verfällt ins Nichts, das ihn vernichtet. Er ist ein »Theoretiker« im schlechten Sinne, an dem das Leben vorüber geht, da er es nicht so nimmt, wie es genommen werden will, nämlich als Erneuerung aus seinem Urgrund, als Verwandlung oder Transsubstantiation. Auch das Widersinnige nimmt Teil an dem Sinn der Welt, auch das Ungerechte an der Gerechtigkeit des Rechts. Es gibt kein Recht, das ganz und gar, in allem und jedem, durch und durch ungerecht wäre, weil es dann überhaupt nicht da und wirklich wäre. Das gilt selbst von ganz verruchtem Recht, solange es als solches »anerkannt« wird. Selbst der unmenschlichste Mensch bleibt noch Mensch, bleibt ein Geschöpf Gottes, was wir hinnehmen müssen, ohne es ganz begreifen zu können, weil es höher ist als unsere Vernunft. Wir wissen nicht, warum Gott die Welt so und nicht anders geschaffen hat. Er hat es uns nicht offenbart. Das Böse ist so wirklich wie das Gute, weshalb wir uns Gott jenseits des Unterschiedes von Gut und Böse zu denken haben, der unser menschliches Schicksal ist. In den Gegensatz von Gut und Böse geschickt zu sein, das ist das Wesen der Geschichte, auch der Rechtsgeschichte. Die Rechtsgeschichte ist auch Unrechtsgeschichte, wie das Recht auch Unrecht ist, weshalb es fort und fort mit sich selber ringt und kämpft.

Ist also die Rechtsgeschichte der Kampf für und wider und damit um das Recht, den ein Volk, das dadurch zum Rechtsvolk wird, führt, so ist dieses Recht in einem doppelten Sinne Friedensordnung, nach vorwärts und nach rückwärts, nach der Zukunft und nach der Vergangenheit, worin seine Gegenwärtigkeit und seine Wirklichkeit besteht. Es hat ein Janushaupt. Es ist Friedensordnung für die Vergangenheit, indem es den Kampf ums Recht »bis auf weiteres« beendet. Insofern ist es Friedensschluß, was seine soziologisch-politische Seite ausmacht. Aber es ist darüber hinaus auch Friedensordnung im echten und strengen Sinne, nämlich für die Zukunft, insofern es normiert, was seine juristisch-normative Seite bedeutet. Es normiert die Volksgemeinschaft, die dadurch zur Rechtsgemeinschaft, ja vielleicht sogar zur Rechtsperson und damit zum Staate wird. Denn der Staat ist die Rechtsgemeinschaft als Rechtsperson, als juristische Person, was sie sein kann, nicht aber zu sein braucht. Es gibt Volksgemeinschaften und die Völkergemeinschaft, die als Rechtsgemeinschaften noch nicht oder nicht mehr Staat sind, weil sie nicht Rechtsperson sind. Sie sind nicht eine Personenperson, eine Überperson, weil sie von der Rechtsgemeinschaft nicht dazu normiert sind. Denn auf die Norm und nur auf sie kommt es. Darum ist die Kulturgemeinschaft nicht Person, weil sie sich nicht dazu ernennen kann. Kulturperson ist man durch Berufung. Rechtsperson dagegen ist man durch Ernennung seitens der Rechtsordnung, der man untersteht. Darum kann sich eine Rechtsgemeinschaft in ihrer Rechtsordnung zur Rechtsperson ernennen, die freilich dann »nur« juristische Person ist, weil sie nicht auch Kulturperson ist als Kulturgemeinschaft, die sie ist. Kulturperson ist ein lediglich kultureller, in diesem Sinne ein soziologischer Begriff. Rechtsperson dagegen ist auch ein rechtlicher, auch ein normativer Begriff. Er ist ein rechtssoziologischer Begriff, kein rein juristischer wie der des Rechtssubjekts, der ihm entspricht. Die Rechtsperson ist Rechtssubjekt, wenn sie Recht und Rechte »schafft« und hat, wie die Kulturperson Kultursubjekt, wenn ihr Kultur eignet, aber weder hier noch dort fällt das eine mit dem andern zusammen, da auch eine Kulturgemeinschaft Kultursubjekt und auch eine Rechtsgemeinschaft Rechtssubjekt sein kann, ohne Persönlichkeit haben zu müssen und zu haben.

Nicht jede Gemeinschaft braucht ein Gemeinwesen und damit Staat oder staatsähnlich zu sein, um Rechte zu haben und dadurch Rechtsinhaber und Rechtsschöpfer zu sein. Rechtsinhaber oder Rechtssubjekt und Rechtswesen oder Rechtsperson sind etwas verschiedenes, obwohl sie zusammengehören. Zugleich aber tritt damit die Überparteilichkeit des Staates noch einmal in das helle Licht, und zwar in doppelter Hinsicht. Der Staat ist Gemeinwesen und nicht nur Gemeinschaft, er ist eine Überperson gegenüber den Gemeindern nicht nur als Einzelnen, sondern auch als Gliedern in der Gemeinschaft. Darum ist er nicht nur über den Parteien, sondern auch jenseits der Parteien, weil man nur als Einzelner, niemals als Glied Partei ist. Echte Gemeinschaft hat keine »Teilnehmer«. Nur im Individualrecht und darum nur in der Gesellschaft, nicht in der Gemeinschaft gibt es Parteien und Teilnehmer. Aus diesem Grunde ist der Staat wesenhaft nicht nur kein Parteistaat, sondern auch nicht einmal nur Parteienstaat, obwohl er dies der einen Seite nach auch ist, insofern er »richtet«, was echte Parteien voraussetzt. Der Staat ist unparteilich im Individualrecht und sogar zu einem Teil, nämlich im Sozialrecht, unparteihaft, wenn man so sagen darf. Der Begriff der Partei hat in ihm insofern gar kein Recht. Er kommt in ihm nicht vor.

II.

Wie dem aber auch sei, jedenfalls ergibt sich für das Recht eine doppelte Gliederung in seiner Geschichte, eine historisch-soziologische und eine juristisch-normative, deren innere Einheit über der Zweiheit nicht übersehen werden darf, wie sie in dem

Worte Gliederung, das doppelsinnig ist, sehr schön zum Ausdruck kommt. Was sich gliedert, ist gegliedert, und umgekehrt, da Gliederung ebensowohl ein Vorgang wie ein Zustand, ebensowohl vertikal wie horizontal, eine Einheit in der Zweiheit ist. Gliederung ist in der Gliederung begriffen, wie wir sagen, weshalb sie auch von uns nur dadurch verstanden wird, daß wir sie in der Gliederung begreifen. Den Zustand im Vorgang, den Vorgang im Zustand begreifen, das heißt, Gliederung als Gliederung begreifen und verstehen. Nur wer die Gliederung sich gliedern läßt, weiß, was sie ist. Nur wer sie nachschafft, weiß, wie sie beschaffen ist.

Darum muß der Rechtshistoriker, wenn er die Rechtsgeschichte nicht nur erforschen, sondern auch schreiben und erkennen will, das Recht sich gliedern lassen, sowohl horizontal als vertikal. Er muß es als in seiner Gliederung begriffen begreifen, was Hegel, der hinter dieser ganzen Abhandlung steht, wie jeder sieht, bekanntlich die Selbstbewegung des Begriffs nennt, der wir nur zusehen. Er muß den Prozeß der Geschichte laufen lassen, wie er läuft, nach seinem Gesetz, ohne sich einzumischen und ihm und seinen Rädern in die Speichen zu fallen. Er darf ihn nicht durch vordringliche Redereien stören. In seiner Einheit und Ganzheit und damit in seiner Gliederung muß er ihn bedenken und durchdenken, damit er seine Wirklichkeit und Wahrheit und seinen Sinn in den erforschten Daten und Fakten erkenne.

Tut er das aber, so wird er einmal die horizontale Gliederung erkennen, die wir mit einem nicht ganz unbedenklichen Fremdwort System nennen. Er wird das System sich selbst entfalten lassen, indem er in seinem »Nachdenken«, wie die Sprache wundervoll sagt, von dem einen zum andern, vom Ganzen zum Teil, vom Teil zum Teil, vom Teil zum Ganzen schreitet. Er denkt die Linien nach, die das System aufweist, aber er erdenkt es nicht, weil er erkennt und nicht erfindet. In derselben Weise wird er dann auch die vertikale Gliederung abschreiten, indem er das System nicht nur durch eine, sondern durch alle Zeiten laufen läßt, die es bisher in seiner Geschichte durchgemacht hat. Dabei ist jede dieser Zeiten durch ein Prinzip bestimmt, wodurch sie sich trotz ihrer inneren Einheit, da sie ja Zeiten einer Geschichte sind, in sich voneinander unterscheiden, so daß eine Identität, eine Einheit in der Verschiedenheit und damit eine Gliederung besteht. Denn was sich gliedert, setzt sich auseinander, ohne sich damit zu zersetzen. Es bleibt, was es ist, und bleibt es auch nicht, weil es sich erneuert, freilich aus sich selbst erneuert.

Darum hat jede Zeit in der Geschichte ihr Prinzip, durch das sie diese Zeit ist. Es ist ihr Anfang und ihr Ende, mit dem sie kommt und geht, blüht und verblüht. Würde es ihr daran fehlen, wäre sie prinziplos, so wäre sie ohne Ordnung und Gestalt und ohne Stil. Stillose Zeiten haben keine Eigentümlichkeit und keine Eigenart, so daß sie nicht durch sich bestimmbar und bestimmt sind. Sie sind entartet, eine bloße Fortsetzung und Verschlechterung anderer Art, weshalb wir sie auch Nachzeit oder Epigonenzeit nennen. Der Epigone ist der Nachfahr ohne eigne Art. Freilich diese Nach- und Epigonenzeiten werden unversehens Vorzeiten für das, was nachher kommt, müssen es werden, sofern sie nicht das Ende sind und sein sollen. Sie sind die Ruhe vor dem Sturm. Was aber nachher kommt, ist zwischen den Zeiten, in denen das Alte mit dem Neuen ringt, ist Wendezeit, ein Untergang und ein Aufgang und damit ein Übergang. Diese Übergangszeiten, so schwer sie sind, sind die wahren Zeiten der Geschichte, sie sind die Wirklichkeit und Einheit des Geschehens. End- und Spätzeiten sind auf diese Weise zugleich Früh- und Anfangszeiten, da das Neue noch nicht Sieger und das Alte noch nicht Besiegter ist. Vor dem Tode des Alten wird das Neue geboren und nach dem Siege des Neuen das Alte begraben. Darin zeigt sich, daß die Geschichte Gliederung, Wandlung und Verwandlung, Auseinandersetzung und Erneuerung, daß sie »Metamorphose« eines Lebendigen ist.

Diese doppelte Gliederung der Rechtsordnung, die vertikale und die horizontale, muß der Rechtshistoriker durch Nachdenken in sich und vor seinen Lesern erstehen lassen. Er läßt sie erstehen, aber er »erstellt« sie nicht. Er stellt sie nicht zusammen, er erdenkt sie auch nicht. Er schreibt keine »zusammenfassende« Darstellung, gibt keine Forschungsergebnisse, wenn er Geschichte schreibt. Auch in der Rechtsgeschichte ist Geschichtsschreibung die »Aufhebung« und Überwindung der Forschung, und zwar durch Denken, durch Nachdenken. Nur dem Denker gliedert sich das Recht. Nur der Denker, nicht der Forscher, nur der Denker, der den Forscher in sich überwunden hat, kann Rechtsgeschichte schreiben, und zwar hier ganz besonders, da das Recht Geist und damit ein »Gedanke« ist, wodurch seine Wirklichkeit nicht angetastet wird. Nur was sich gliedert, läßt sich gliedern. Aufteilen kann ich alles, Teilbares und Unteilbares. Auch die Individualität kann ich aufteilen, indem ich sie zerstückle und damit vernichte. Aber ich kann sie nicht mehr wiederherstellen, auch wenn ich sie zusammenleime. Sie ist nicht mehr aus einem Guß. Sie ist nur scheinbar ungeteilt, wenn sie nicht gar zerfällt, d. h. »verwest«. Sie gehorcht mir nicht. Ich bin nicht ihr Herr; Gliederung kann man nicht »machen«. Aber man kann sie schaffen, indem man sie nachschafft nach ihrem Gesetz. Sie ist der Herr und ich ihr Knecht. In der Geschichtsforschung, um es mit Schärfe auszusprechen, ist die Geschichte nur Objekt, sie wird erforscht; aber in der Geschichtsschreibung ist sie auch Subjekt. Sie wird geschrieben, indem sie sich schreiben läßt. Und sie läßt sich nicht von jedem schreiben, auch nicht von jedem Forscher. Es gibt Forscher, bedeutende Forscher, denen fehlt das Organ dazu, weil sie, in Einzelheiten groß, keinen Sinn für das Ganze haben. Ihnen sagt die Geschichte nichts. Sie verhüllt sich vor ihnen und schweigt. Sie offenbart sich nicht und gliedert sich auch nicht, wofür auch in der Rechtsgeschichte Beispiele zu finden wären.

Freilich, Gliederung ist »organisch«, und das Recht ist überorganisch, weil es der Kultur angehört. Darum gliedert es sich auch nicht wie ein Naturwesen, sondern nur wie ein Naturwesen, was wir schon oben näher ausgeführt haben. Die Gliederung des Rechts ist Selbstgliederung und doch auch wieder nicht, weil es sich nicht nur in sich selber gliedert wie das Naturwesen. Das Recht als Rechtsordnung — denn das ist das Recht, wenn wir kurzweg von ihm reden — gliedert sich, weil und soweit es von der Rechtsgemeinschaft gegliedert wird, die ihm angehört. Die Rechtsidee offenbart und verwirklicht sich nur, wenn sie verwirklicht wird, wenn wir uns darum mühen und um sie ringen, wenngleich wir sie nicht erringen. Sie offenbart sich nur in schenkender Gnade, aber sie vergeudet sich nicht, sie will erarbeitet und erbeten sein. Darum ist die Rechtsgeschichte nur in dem Sinne die »Selbstverwirklichung« der Gerechtigkeit, als sie zugleich der Kampf ums Recht ist, den ein Rechtsvolk für und wider das Recht führt, womit das Recht als Ganzes die

Gliederung der Rechtsgemeinschaft in ihrer Rechtsordnung ist. Die »Selbstbewegung« des Rechts vollzieht sich nicht »automatisch«, was bezeichnenderweise ein Lieblingsausdruck unserer Zeit ist. Sie ist nicht »automatisch« oder mechanisch. Das Recht in seinen besonderen Gestaltungen wird nicht »aufgezogen«, wie man heutzutage ebenso gern und ebenso äußerlich sagt. Es ist kein deus ex machina. Vielmehr gliedert sich die Rechtsgemeinschaft in ihrer Rechtsordnung, die sowohl Friedensschluß als Friedensordnung ist. Indem die Rechtsgemeinschaft sich gliedert, gliedert sich auch die Rechtsordnung, und umgekehrt. Sowohl horizontal als auch vertikal, sowohl systematisch-normativ als auch historisch-soziologisch ist die Gliederung des Rechts Gliederung der Rechtsgemeinschaft in ihrer Rechtsordnung, Kampf für und wider die Gerechtigkeit und insofern der Kampf des Rechtes mit sich selber.

Darum läßt sich eine Rechtsordnung systematisch-normativ nur von der Rechtsgemeinschaft aus begreifen und verstehen. Mit der Rechtsgemeinschaft fängt ihre Gliederung an und mit ihr hört sie auf, soweit man überhaupt von Anfang und Ende reden will, die es bei einer Gliederung in Wahrheit nicht gibt. Gliederung hat keinen Anfang und keinen Ausgang. Man kann sie überall beginnen lassen. Aber man beginnt sie da und dort am zweckmäßigsten. Aus diesem Grunde beginnen alle Rechtssysteme mit den Rechtspersonen, die die Gemeinschaft bilden, weil und weshalb die Rechtsordnung für sie gilt. Sie beginnen so, weil es der gegebene Anfang ist, daß man von denen zuerst handelt, die betroffen sind. Aus ihnen soll die Rechtsgemeinschaft bestehen, die also leben und sich pflegen sollen, wie es hier verordnet ist. Jede Rechtsordnung, jedes Rechtssystem ist die Sollensgliederung einer Rechtsgemeinschaft und gar nichts anderes. Sie ist die Ganzheit aller Normen, ihre gedachte, wenn auch nicht erdachte, ihre erkannte und nicht erfundene Einheit, Wirklichkeit und Wahrheit.

Darum ist diese Gliederung logischer, und zwar normlogischer Art. Sie ist nicht »nur« logisch, nicht formal-logisch, wohl aber material-logisch, weil sie normlogisch ist. Eine Rechtsordnung verstehen, erkennen oder begreifen heißt, ihr System entfalten, die Logik ihrer Normen und damit ihren Sinn offenbarmachen, ihre Wirklichkeit und Wahrheit, mit einem Wort ihre Gerechtigkeit aufzeigen, und ließe sie auch daran noch so sehr zu wünschen übrig. Die Gerechtigkeit aber, die der Sinn ihrer Normen ist, ist nichts anderes und kann nichts anderes sein als die befriedigende und befriedende Auseinandersetzung der Gemeinschaft und ihrer Angehörigen miteinander und untereinander. Die Rechtsgemeinschaft normieren heißt sie befrieden, indem man sie befriedigt in ihrer Auseinandersetzung, was das betonte Bestreben der »Interessenjurisprudenz« ist.

Somit ist jedes Rechtssystem notwendig »dialektisch«. Denn es bedeutet die Zwiesprache der Rechtsgemeinschaft mit ihren Gliedern einerseits und die der Glieder untereinander, die dann nicht Glieder, sondern Einzelne sind, andrerseits. Es bedeutet die normative Identität der Genossenschaft mit den Genossen, ihre Einheit in der Verschiedenheit, ihren Frieden im Kampf. Darum läßt es sich nicht zusammensetzen, sondern nur entfalten. Zusammensetzen wollen kann es nur der, der es vorher zersetzt und zerstört hat, wobei er bald gewahr werden wird, daß seine Kunst versagt, es aus seinen Elementen wieder aufzubauen. Systeme werden eigentlich nicht aufgebaut, weil sie nicht gemacht werden, sondern geschaffen sind. Die Genossenschaft ist, was ihr Name sagt. Sie ist kein Machwerk, sondern ein Geschöpf, wie wir das oben beim Volk näher entwickelt haben. Darum ist auch ihre Ordnung, kraft deren sie diese Genossenschaft ist, nicht gemacht. Sie ist geschaffen, und wenn der Systematiker ihre Linien abschreitet, wodurch er sie in ihrer Ganzheit erkennt, so schafft er nach, was nicht von ihm geschaffen ist. Systeme werden nicht erdacht, nicht ausgeklügelt, sondern »entfaltet« und dadurch erkannt und, wenn man will, erschaut. Nur was sich gliedert, läßt sich gliedern. Rechtssystematik ist Rechtserkenntnis, Erkenntnis ihrer Wirklichkeit und Wahrheit, die unerforschlich ist, weil sie durch Denken, durch Nachdenken gewonnen wird, wenn sie sich offenbart. Die Wirklichkeit, die man im Wirklichen erkennt, ist selbst nicht wirklich, wie es die Daten und Fakten sind, die man erforscht. Die Wirklichkeit ist nicht nur Dinglichkeit, nicht nur Realität, sondern eben das, was sie von sich sagt, nämlich Wirklichkeit, was für die Wirklichkeit des Rechts entscheidend ist.

Wir sind so mißtrauisch, so glaubenslos, so zweifelsüchtig geworden, daß wir niemandem etwas glauben, auch nicht der

Wirklichkeit, wenn sie uns sagt, daß sie die Wirklichkeit und gar nichts anderes ist. Der Kritizismus ist eine Einseitigkeit und eine Übertreibung, wenn er dahin mißverstanden wird, daß die Kritik das erste sei, was weder für ihn, noch auch sonst zutreffend ist. Nicht ob, sondern wie ist Erkenntnis möglich, die damit vorausgesetzt wird, ist bekanntlich seine Fragestellung. Das erste ist die Erkenntnis und die Kritik das zweite, weshalb ja auch bei Kant die praktische Vernunft den Primat vor der theoretischen in Anspruch nimmt. Das erste ist der Glaube und nicht der Zweifel und nicht das Mißtrauen. Die Jurisprudenz kann von der Philosophie sehr vieles lernen, so vieles, daß sie recht eigentlich trotz aller »Selbständigkeit«, wenn man es genau betrachtet, in ihr aufgeht, so gewiß sie wesentlich Erkenntnis und nicht nur Forschung ist, wie wir das oben entwickelt haben. Aber die Philosopie, wenn ich als Jurist mir diesen Übergriff erlauben darf, könnte auch von der Jurisprudenz manches lernen, und zwar vor allem das, was sie zwar selbst auch weiß, aber doch hin und wieder nicht genügend betont, weil es zu einfältig ist, daß der »gute Glaube« immer vermutet wird, wie wir Juristen es ausdrücken. Niemals vermuten wir im Recht, daß jemand die Unwahrheit sagt. Stets hat der die Last des Beweises zu tragen, der dies behauptet. Diesen Satz sollte auch die Philosophie beherzigen, soweit sie es nicht schon tut. Er muß ihr Kernsatz werden. Die Aussagen der Wirklichkeit sind bis zum Beweis des Gegenteils als wahr anzusetzen. Es geht nicht an, die Wirklichkeit von vornherein als mögliche Lügnerin zu behandeln. Mißtrauen ohne zureichenden Grund verdirbt den Charakter, und es will mir scheinen, als wären wir darin schon recht weit vorgeschritten, indem wir fort und fort Beweise fordern, wo wir uns unbefangen hingeben sollten. Die Wahrheit läßt sich nicht erjagen, wohl aber verjagen. Sie kommt nur dann zu uns, wenn wir sie zu uns kommen lassen, was die Grundvoraussetzung jeder Erkenntnis und die Befreiung von den allerquälendsten Zweifeln ist. Nur wer die Wirklichkeit zunächst einmal anhört, um das Gehörte dann zu bedenken, kann sie in ihrer Wahrheit und auch in ihrer Unwahrheit, in ihrem Sein und ihrem Schein erkennen. Daß wir wie die Kinder werden sollen, wenn wir in das Reich Gottes eingehen wollen, hat den großen und tiefen Sinn, daß wir wie sie vom Vertrauen ausgehen müssen, wenn wir die Wahrheit zu erkennen wünschen. Der radikale Skeptiker, der bei allem, was auch immer zur Sprache kommt, ein ungläubiges und überlegenes Lächeln aufsetzt, ist von der Wahrheit deshalb ausgeschlossen, weil er sich ihr von vornherein verschließt. Sie kann ihm gar nicht aufgehen, solange er sich weigert sie anzuschauen. Die Leute, die immer betrogen sein wollen und daher nichts mehr glauben, sind nicht nur schwer erträglich, sondern auch zu bedauern, weil sie in der Tat immer betrogen werden. Denn als die Enttäuschten, die sie sind und bleiben, leben sie von der Täuschung, die ihr erstes ist, obwohl sie sie angeblich überwunden haben. Sie sind nicht in der Wahrheit. Sie sehen alles verkehrt, ihnen steht alles auf dem Kopf. Die Enttäuschten sind die Entwirklichten, weil sie ihren guten Glauben verloren haben. Wer resigniert, resigniert auf die Wirklichkeit und auf die Wahrheit, weil er auf seinen Glauben daran verzichtet hat. Er ist nicht mehr unbefangen. Seine Bitterkeit trübt ihm die Reinheit der Erkenntnis.

III.

Daher ist, wer die Wirklichkeit Wirklichkeit sein läßt und dem Rechtssystem darum Wirklichkeit zuschreibt, nicht im Realismus, aber auch nicht im Nominalismus, weil er diesen Gegensatz wie jeden andern hinter sich gelassen hat, der nur für Forscher und nur für Logiker, nicht aber für Metaphysiker besteht. Darin erweist sich das deutsche Volk als das, was es ist, als das Volk der Metaphysik, daß es uns nicht von Realität und Dinglichkeit, sondern von Wirklichkeit reden läßt, was etwas anderes und höheres ist. Würden die Deutschen deutsch reden, so würden sie die Wirklichkeit in ihrer Zunge reden lassen und dadurch am besten verstehen. Sie würden auch verstehen, warum wir von wirklichem Recht und von der Wirklichkeit des Rechts reden, was wir doch tun. Sie würden dies nicht als »Realität« verstehen und mißverstehen, aber auch nicht zu einem bloßen »Gedanken«, zu einer mehr oder weniger laienhaften Ausdrucksweise herabdrücken. Sie würden weder in Materialismus, noch in Formalismus im schlechten Sinne geraten. Denn wenn wir die Wirklichkeit Realität nennen, so besteht zum mindesten die Gefahr, sie zu verdinglichen und zu verkörperlichen, was ihr gradenwegs zuwider ist. Dann ist es auch begreiflich, daß man, um dem zu entgehen, in das entgegengesetzte Extrem verfällt, Begriff und System nominalistisch auffaßt und zu einer weniger bedeutsamen Angelegenheit der »Formulierung« macht, weil man nicht aus »Begriffen«, sondern aus der Wirklichkeit heraus das Rechte erkennen will, was bekanntlich die Forderung der sogenannten Interessenjurisprudenz ist, zu der wir uns grundsätzlich bekennen.

Die Interessenjurisprudenz hat ihr gutes Recht, wie wir schon mehrfach ausgeführt haben, hier und auch anderwärts, aber das nominalistische Gewand, das sie angelegt hat[1]), wenn ich es so nennen darf, das wird sie, wie ich glaube, ausziehen müssen, wenn sie Bestand und Dauer haben und sich begründeter Kritik entziehen will. Ich darf dies deshalb und auch an dieser Stelle mit aller Offenheit, die die Wahrheit fordert, aussprechen, weil ich von ihrer inneren Berechtigung so tief durchdrungen bin, daß ich den Stein des Anstoßes hinwegwälzen möchte, den ihre nominalistische Sprache mit Recht für viele bedeutet, die ihr sonst zufallen würden. Gesetze geben und Recht sprechen, mit einem Wort für Recht erkennen heißt, aus der Wirklichkeit und nicht aus Vorurteilen heraus erkennen. Das ist gewiß richtig. Aber gerade damit ist gesagt, daß man aus dem System und seinen Begriffen oder, um es besser deutsch auszudrücken, aus ihrer Gliederung heraus erkennt. Das Rechtssystem mit seinen Begriffen, mit einem Wort die Gliederung des Rechts, sie ist die Sprache der Rechtswirklichkeit, auf die der Interessenjurist lauscht, wenn er judiziert. Die Rechtswirklichkeit, die er zum Sprechen bringt, indem er sie befragt, ist gegliederte, d. h. »gestaltete« Wirklichkeit und damit System. Sie ist ein Kosmos, freilich kein vollkommener, kein absoluter Kosmos, aber gerade darum kein Chaos, kein absolutes Chaos. Aus einem Chaos heraus kann niemand urteilen, weil man aus seinem »Unsinn« nichts herausbringt. Es ergibt sich kein Sinn. Man kann ihn höchstens hineinlegen, womit er als bereits vorhanden vorausgesetzt wird, nicht aber herauslesen, wie es das Wesen der Erkenntnis fordert, die »Exegese« ist. Chaos kommt nicht zu »seinem« Recht; denn

---

[1]) Als »nominalistisch« möchte ich in ihrer ganzen Grundhaltung bezeichnen die deshalb besonders aufschlußreiche Rede von Heck, Das Problem der Rechtsgewinnung 1912. Vgl. auch Z. f. d. ges. Handelsrecht Bd. 37, 1890. S. 278. Dazu Stoll, a. a. O. S. 104.

es hat kein Recht, weil es Unordnung ist. Nur Gestalten, d. h. Sinngebilde lassen sich erkennen und begreifen und verstehen.

Soll also die Interessenjurisprudenz überhaupt möglich sein — und sie ist möglich, wofür der Beweis glanzvoll erbracht ist —, so muß die Rechtswirklichkeit, aus der heraus judiziert wird, als Gliederung, als System zum mindesten der Anlage nach, d. h. »implizit«, vorhanden sein, ehe überhaupt nur ein einziger Satz, ein einziges Wort darüber ausgesagt wird, und ihre sämtlichen Einsichten und Erkenntnisse sind gar nichts anderes und können gar nichts anderes sein als die »Entfaltung«, die Aufdeckung und Enthüllung, als die Aussprache und »Formulierung« dieser mehr oder weniger verborgenen Sachverhalte in ihrer mehr oder weniger deutlichen Gestalt. Systeme, weil sie Gliederungen und damit Wirklichkeiten sind, werden nicht gemacht und nicht zusammengestellt, sondern geschaffen und nachgeschaffen. Über die »Natur der Sache«, über das konkrete, geschichtliche »Naturrecht« und seine Gestaltungen haben wir keine Macht, wenn wir für Recht erkennen. Systeme und Begriffe sind nicht in dem Umfange »nur« eine »Formulierungsfrage«, wie die verehrten Senioren der Tübinger Zivilistik, Philipp Heck und Max Rümelin [1]), denen ich in diesem grundlegenden Punkte zu meinem Bedauern leider widersprechen muß, geneigt sind anzunehmen, wiewohl sie es auch sind. Das System des Rechts, des geschichtlichen Rechts, ist nicht nur nach, sondern auch vor der Erkenntnis, weil es sonst nicht entfaltet und dadurch erkannt werden könnte. Nur was ist, kann ich erkennen, selbst dann, wenn es sich nicht nur um eine Erkenntnis de lege lata, sondern um eine solche de lege ferenda handelt, da sich auch diese »nach ewigen Gesetzen« richten muß. Denn nur wer Gültiges will, will gültig, und nur in diesem Sinne ist Gesetzgebung Wollen und Gesetz Wille. Das Recht ist normativer Wille, was Freiheit und nicht Willkür bedeutet.

Niemand wird bestreiten, daß es auch sachwidrige Gesetzentwürfe gibt und geben kann, wie es ebensolche Gesetze gibt. Die Sachlichkeit eines Gesetzes hängt nicht davon ab, ob es in Kraft getreten ist oder nicht, worin sich zeigt, daß der Gesetz-

---

[1]) Vgl. hierzu Stoll a. a. O. S. 81 ff. Als charakteristisch hebe ich hervor Heck, Schuldrecht 1929, S. 473. Rümelin, Archiv f. ziv. Praxis, N. F. Bd. 2. 1924. S. 160.

geber »das Rechte« genau so treffen und verfehlen kann, wie es der Richter tut, der durch das Recht »gebunden« ist, weil sie beide, jeder in seiner Art, für Recht erkennen. Auch das, was sein soll, ist mit dem Sein gesetzt, so gewiß dieses »sein« Recht hat und fordert. Jede Zeit ruft nach »ihrem« Recht, wenigstens in ihren Grundzügen, wenn auch nicht in allen ihren kleinen technischen und zufälligen, »positiven« Einzelheiten; und es ist bei uns, diesen Ruf zu hören, wie wir ihn auch überhören können, weil wir vom Tage und seinen Geräuschen zu sehr benommen sind oder überhaupt kein Ohr dafür haben oder sogar haben wollen. Wie das, was sein wird, seine Schatten vorauswirft in unsere Tage, also zeichnet sich auch in ihnen das ab, was wir tun sollen. Freilich gehören Augen dazu, die es sehen, die Augen gottbegnadeter Politiker, die die Zeichen der Zeit deuten und dem Volke künden, was wir mit Heinrich Maier »volitive Phantasie« nennen können. Denn es ist ja in der Tat nicht unbedingt gefordert, daß jeder, mag er es verstehen oder nicht, jeder Schuster und Schneider, jeder Professor und Beamte oder wer es sonst sei, bei der Gesetzgebung seine Weisheit unmittelbar zur Geltung bringe. Aber wie dem auch sei, die Wirklichkeit des Tages, die wir vor uns sehen, ist nicht die ganze Wirklichkeit. Die Wirklichkeit des Tages ist der Wirklichkeitsbegriff der Eintagsfliegen. Die Wirklichkeit ist Ganzheit, so daß dazu gehört, was war und sein wird, was ist und sein soll. Die Wirklichkeit ist Sein und Werden, Sein und Sollen, die wir zwar unterscheiden, aber nur unterscheiden können, weil sie im Grunde eine Einheit bilden. Die Wirklichkeit ist absolut, sie hat nichts außer sich, auch nicht das Sollen und das Werden, auch nicht die Zukunft und den Wert. Auch der Gesetzgeber, das sage ich mit wohlbedachter Betonung, erkennt die Wirklichkeit, wenn er für Recht erkennt, sofern er mit seinem Gesetz das Rechte trifft, was freilich nicht immer geschieht, da auch er dem Irrtum unterworfen ist. Der »Ruf« der Wirklichkeit und Gegenwart gehört zu ihr, wie auch das Zukünftige zu ihr gehört, das sich in ihr vorbereitet.

In diesem Sinne, das ist meine Grundüberzeugung, bedeutet das System der Wirklichkeit, auch der Rechtswirklichkeit, zugleich die Wirklichkeit des Systems, weil und so gewiß alle Wirklichkeit und jedes System Gliederung zu sein beansprucht. Eine Gliederung, die nicht wirklich wäre, wäre keine Gliederung, sie würde sich nicht gliedern, auch nicht gliedern lassen. Sie wäre ein Nichts und nicht einmal zu »formulieren«. Das ist auch der Grund, weshalb es, wie ich meine, keine banale und triviale Selbstverständlichkeit bedeutet, daß, wie ich an anderer Stelle ausgeführt habe, die Interessenjurisprudenz auch Begriffsjurisprudenz sein müsse. Denn damit will gesagt sein, daß die Gliederung des Rechts nicht nur eine Formulierungsfrage, nicht nur eine mehr oder weniger erhebliche, nachträgliche Angelegenheit der »Darstellung« sei. Ein System darstellen oder formulieren heißt, wenn ich es recht verstehe, seine Gliederung aussprechen und damit seine treibenden Kräfte, d. h. seine »Substanz«, die auch sehr minderwertig sein kann, erkennen. Das Rechtssystem ist seine entfaltete Substanz, seine begriffene »Wirklichkeit«. Es gibt, wovon ich überzeugt bin, keine ungegliederte, keine systemlose Wirklichkeit, und es gibt auch kein System, das nicht Wirklichkeit hätte, sofern es Wahrheit hat, da die Wahrheit nichts anderes ist als erkannte Wirklichkeit. In diesem Sinne habe ich gemeint, daß die Rechtswissenschaft »die naturgewachsene und erdgeborene Wirklichkeit des Rechtes« erkenne, daß sie ihre Begriffe finde und nicht erfinde, entdecke und bilde, indem sie sie nachbildet, d. h. »entfaltet«. Es ist mir aber gerade deshalb niemals beigekommen, die große Bedeutung des Willens in der Rechtsgestaltung zu übersehen oder gar zu bestreiten, wie Heinrich Stoll gegen mich einwendet, da ja die Wirklichkeit des Rechts, indem sie wirkt, des Willens wohl nicht gut entbehren kann, obschon er nicht das einzige ist, was dabei in Frage kommt.

Nur was wirklich ist, kann man wirklich formulieren, und nur was wirklich formuliert ist, hat seine volle Wirklichkeit. Un-Wirklichkeit, weil sie Un-Sinn ist, ergibt keine Formulierung, sondern nur ein leeres Geräusch ohne Sinn und Verstand. Man kann es nicht verstehen, weil es gehaltlos ist. Darum ist eine Formulierung, die wirklich »nur« Formulierung wäre, keine echte und wahre Formulierung, ja überhaupt ein Unding, weil sie nichts formulierte. Sie wäre ein Satz, der uns nichts sagte, das Salz, das nicht mehr salzt, weil es »dumm« geworden ist, wie es im Evangelium heißt. Sie wäre nicht nur überflüssig, sondern dem lateinischen Satze superfluum non nocet zum Trotz geradezu schädlich, weil sie der Wahrheit hindernd entgegenträte. Denn die echte Formulierung ist mehr als »nur« Formulierung, weil sie bekennt oder erkennt. Sie ist der Ausspruch der Wahrheit, der Ausdruck der Wirklichkeit, nicht aber nur ein Zusatz oder Auszug. Sie ist nicht abstrakt, sondern konkret, weil sie mit ihr verwachsen ist. Verwachsen aber mit der Wirklichkeit ist sie deshalb, weil erst in dem Ausdruck, erst in der Formulierung die Wirklichkeit ganz wirklich ist. Nur die formulierte, nur die verkündete Wahrheit ist wirksam. Darin vollendet sie sich und ergänzt sie sich. Die Formulierung ist die Krönung der Wirklichkeit. Finis coronat opus. Was ich nicht formulieren kann und formuliert habe, das habe ich auch nicht ganz erkannt und nicht ganz verstanden. Es schwebt mir nur so vor, aber ich habe es nicht in meinem Griff. Nur was ich bei seinem Namen rufe, das ist mein. Denn, wenn die Wirklichkeit in ihrem System begriffen ist, weil sie sich gliedert, so ist sie auch von uns nur in ihrem System begriffen, wenn wir sie sich gliedern lassen. Unformulierte Wahrheit wäre gestaltlose Wirklichkeit, sie wäre nicht in »Ordnung«, weshalb echte Formulierung nicht mit einer äußerlichen und mehr gefährlichen als fruchtbaren »Definition« im Sinne einer zufälligen und vorläufigen Etikette verwechselt werden darf. Wenn ich das Recht und seine Begriffe im echten Sinne definiere und formuliere, so klebe ich ihm und seinen Gebilden nicht eine Etikette auf zum Hausgebrauch, sondern bestimme ihren Ort im Ganzen oder im Teilganzen der Wirklichkeit, womit ich sie in ihrer Funktion, in ihrer Bedeutung, in ihrer Gliederung in dem Doppelsinne dieses Wortes erkenne und verstehe. Die »Strenge« der Gedankenführung und damit der Systembildung wird in Frage gestellt, wenn man hier »nur« von Formulierung redet. Es besteht die Gefahr, ich sage Gefahr, daß sich die Systematik, die die Ehre der Jurisprudenz sein muß, in eine Art Aphorismensammlung auflöst, womit gegen die Güte und den Wert dieser Aphorismen, dieser Einzelerkenntnisse, nichts gesagt ist. Der eine ist mehr für Aphorismen, der andere mehr für Systematik, aber jenes ist nicht dieses, und die Erkenntnis, weil sie aufs Ganze geht, zielt auf Gliederung und damit auf Systematik, die das Einzelne im Ganzen begreift, was man »Strenge« des Denkens nennt. Die Strenge des Systems verbürgt die Wahrheit »der Aphorismen«, deren Unmittelbarkeit es vermittelt und dadurch begründet.

Zugleich aber ist klar, daß und warum von einer »Äquivalenz der Formulierungen« nur sehr bedingt und mit großer Vorsicht geredet werden kann, wie es auch nur sehr bedingt »Synonyma« gibt. Denn, wenn man hier genauer zusieht, so hat jede der verschiedenen und doch gleichwertigen Formulierungen, wiewohl sie »im Grunde« dasselbe meinen, dennoch ihren eigenen, mehr oder weniger verschiedenen Sinn, den ich preisgebe, wenn ich die eine in die andere »übersetze«. Es ist das schwierige Problem der »Übersetzung«, ihrer Möglichkeit und Unmöglichkeit, vor dem wir hier stehen. Keine Sprache läßt sich ganz »äquivalent« in eine andere übertragen, weil ihr dabei gerade das verloren geht, wodurch sie diese Sprache und nicht die andere ist. Und beim Synonymon ist es nicht anders. Jedes Wort ist eindeutig, so gewiß es nur in einer Sprache, nur in einem Ganzen Worte gibt. Mehrdeutig sind die Worte nur, wenn man sie aus dem Zusammenhang herausreißt und damit unwirklich macht. Jedes wirkliche Wort hat seinen Sinn im Ganzen seiner Wirklichkeit und seiner Zeit, womit es geschichtlich ist und sich wandeln kann, weshalb man es nicht mit einem anderen vertauschen darf, ohne — und wäre es auch nur für ganz feinhörige Ohren — damit den Sinn zu verändern, in und von dem man spricht. Worte sind nicht bloß Schall und Rauch. Man hört sie nicht nur, sondern man vernimmt sie, indem man ihre Vernunft vernimmt, was freilich nur im Ganzen der Wirklichkeit und der Geschichte möglich ist.

Jede Sprache, das wird man zugeben, spricht die Wirklichkeit auf ihre Weise und für ihre Zeit aus, weil sie sie auf ihre Weise und in ihrer Zeit vernimmt. Jede Sprache hat ihre ganz besondere Tonart, um es musikalisch auszudrücken. Darum ist es im Grunde eine andere Wirklichkeit, die in den einzelnen Sprachen der einzelnen Zeiten zu Worte kommt, obwohl sie alle »dasselbe« meinen. Der Franzose oder wer es sonst wäre, spricht eine andere Sprache, weil er eine andere Wirklichkeit erlebt, als wir Deutschen; und wir sprechen heute ein anderes Deutsch als unsere Vorfahren, aus ganz demselben Grunde. Wenn ich also von jemandem sage, er verstehe mich und meine Sprache nicht, wozu jeder von uns mehr oder weniger Anlaß hat, so ist damit gesagt, daß er für meine Welt und meine Wirklichkeit kein Verständnis hat, weil er die Wirklichkeit anders und darum in der Hinsicht, die mir die Wirklichkeit ist, überhaupt nicht versteht. Die Wirklichkeit sagt ihm nicht dasselbe wie mir, weshalb man von zwei »äquivalenten Formulierungen« sagen kann: si duo faciunt idem, non est idem. Wer die Wirklichkeit in ihrer ganzen Wirklichkeit und nicht nur in ihren einzelnen Möglichkeiten erkennen will, muß sie daher als Möglichkeit der Möglichkeiten bedenken. Er muß die innere Einheit dieser Möglichkeiten, mit einem Wort die »Möglichkeit« der »Äquivalenz der Formulierungen« erwägen und bedenken. Das Problem der »Äquivalenz der Formulierungen«, wenn ich es recht verstehe, ist geradezu das Problem der Wirklichkeit und ihrer Erkenntnis. Es ist das Problem der Erkenntnis, auch der Rechtserkenntnis. Es ist ihr Lebensnerv.

Keine Deutung erschöpft die Wirklichkeit, die darum mehrdeutig ist, obwohl oder gerade weil jede Deutung eindeutig und damit einseitig ist. Darum ist die Erkenntnis die Ganzheit und Einheit aller Deutungen, ihr In-Begriff, was nicht ihre Summe ist. Sie ist der Begriff der Begriffe und damit System. Jeder Begriff ist ein Begriffssystem, wie er zugleich ein Systembegriff ist, so daß ihm, bildlich gesprochen, Kugelgestalt zukommt. Nur als Ganzes und nur im Ganzen hat er Sinn und Verstand. Nur in der Entfaltung seiner impliziten Gliederung wissen wir, was er ist. Nur in der Vermittlung »geht« uns das Unmittelbare »auf«. Aber es bleibt das Unmittelbare, das es war, und es bleibt daher auch wahr, was die Scholastik lehrte: Individuum est ineffabile. In seiner Ganzheit, Ursprünglichkeit und Unmittelbarkeit läßt es sich nicht ermitteln und vermitteln, auch nicht durch die wortreichste und eingehendste Deutung. Ja gerade durch sie am allerwenigsten. In jeder Vermittlung muß das Unmittelbare, in jedem System der Begriff, in jedem Begriff das Bild, in jeder Vielheit die Einheit erhalten bleiben. Je mehr man redet, um so weniger deutlich wird uns die Wirklichkeit, umsomehr entzieht sie sich uns. Schweigend wissen wir am besten, was und wie die Dinge wirklich sind, schweigend, was nicht mit Gedankenlosigkeit verwechselt werden darf. Wir reden nicht umsonst von ehrfürchtigem und verständnisvollem Schweigen, wenn es um letzte Dinge und um die Dinge in ihrer Letztheit geht. Hier ist der Punkt, wo Denken und Sprechen, Sinn und Bild, Bild und Begriff, die sich auch unterscheiden, in eins verschmelzen. Freilich, erst wenn wir die Sprache durchschauen, hören wir auf zu sprechen; erst wenn der Sinn der Bilder in uns wirklich wird, nennen wir sie nicht mehr Bilder, sondern »Gesichte«, um ihre volle Einheit mit der Wirklichkeit anzukündigen, indem ihre Unterscheidung hinweggefallen ist. In diesem Sinne ist jede echte und wahre Erkenntnis, weil sie das Denken und seine Unterscheidungen hinter sich gebracht hat, ein Gesicht. Nicht die redseligen, sondern die wortkargen Menschen sind die gehaltvollsten und ergiebigsten, und bei den Gesetzbüchern ist es genau so, wie jeder Jurist weiß. Je wortkarger ein Gesetz ist, um so gegenwärtiger und ursprünglicher, um so mehrdeutiger im guten Sinne ist es, umso zeit- und raumloser ist seine Geltung, weil man sich unter seinen Worten um so mehr »denken« kann.

Zugleich aber ist deutlich, daß es einen »Streit um Worte«, um Scheinprobleme und Formulierungsfragen eigentlich nicht gibt. Denn hinter den Worten, um die wir streiten, liegt immer mit Notwendigkeit eine bestimmte Welt und Wirklichkeit in ihrer Verschiedenheit, und alle »Scheinprobleme« sind immer auch echte Probleme, so gewiß ihr Schein ein Problem ist, das mir zur Lösung aufgegeben ist, indem ich ihn als solchen erkenne. Wir sind, wie ich glaube, zu leicht geneigt, den sogenannten Scheinproblemen ihre Problematik abzusprechen. Scheinproblematik ist auch eine Problematik, nämlich die Problematik des Scheins. Ein Streit um Worte ist solange ein echter Streit, als er nicht in einen solchen mit Worten ausartet, was vorkommen kann und etwas ganz anderes ist. Worte sind gegenständlich und insofern sinnvoll, selbst wenn sie widersinnig sind, was nicht mit Unsinn verwechselt werden darf, worauf Edmund Husserl einmal mit Recht aufmerksam gemacht hat. Unsinn kommt nicht zu Worte, weil er nicht ist und nicht verstanden und vernommen werden kann. Er kann nicht ausgedrückt werden, was beim Widersinn durchaus möglich ist, wie jeder falsche und unwahre Begriff, z. B. der des »positiven« Rechts, von dem wir solange gehandelt haben, zur Genüge zeigt. Unsinn ist absolut unvernünftig und damit unwirklich, Widersinn ist es nur relativ. Widersinn gibt es, Unsinn dagegen nicht, weil er »undenkbar« ist, weshalb man ihn auch nicht aussprechen kann.

Darum ist, um ein Beispiel zu geben, das Problem des »Rechtes am Rechte« noch nicht damit gelöst, daß ich es für ein Scheinproblem erkläre, weil ja das Recht am Rechte zugleich immer ein Recht an einem Objekte, nämlich dem Objekte des belasteten Rechtes, sei und sein müsse, weil es sonst völlig gehaltlos wäre.

Denn es bleibt ein wichtiges und schweres Problem, warum ich mich dann also ausdrücke, was bekanntlich nicht immer geschieht, wo es geschehen könnte. Wir reden wohl vom Pfandrecht an einer Forderung und vom Nießbrauch an einem Urheberrecht, aber wir reden nicht von Pfandrecht und Nießbrauch am Eigentum, sondern an der Sache. Sollte dies hier wirklich nur eine Formulierungsfrage ohne sachliche Bedeutung sein, oder sollte sich nicht darin doch eine wesentliche Verschiedenheit von absolutem und relativem, von absolutem und dinglichem Recht aussprechen, über die wir nicht ohne weiteres zur Tagesordnung übergehen dürfen? Fördert es nicht die Einsicht und die Erkenntnis in ihrer Allseitigkeit und Ganzheit, wenn ich auch nur die Möglichkeit einer »Äquivalenz der Formulierungen« erörtere und untersuche, wobei sich, worauf hier so großes Gewicht gelegt wird, die geheime Vernunft unserer Rechtssprache und des sogenannten »Volksgeistes«, der uns so sprechen läßt, und damit der Sinn der Rechtsordnung in ihrer Geschichtlichkeit entfalten wird und muß? Mit einem Wort: In der Wissenschaft sind Formulierungsfragen immer auch Erkenntnisfragen, so gewiß sie Fragen sind, selbst wenn sie sich als »Scheinprobleme« erweisen sollten, weil mit der Wirklichkeit der Schein, mit dem Sinn die Sprache und mit der Erkenntnis die Formulierung gesetzt ist, wobei ich allerdings sehr wohl verstehe, daß »Formulierungsfragen« nicht nach jedermanns Geschmack sind, weil sie möglicherweise eine unmittelbare praktische Bedeutung nicht haben, worin sich zeigt, daß sie das Problem der Erkenntnis selber aufrollen und damit in das Allerheiligste der Theorie einführen. Dies ist der Grund, weshalb die »Theoretiker« der Praxis, zu denen ich mich rechnen möchte, so große Freude an diesen »Grundfragen« haben, die den »Praktikern« der Theorie »nur« Formulierungsfragen sind. Der Unterschied von Rechtswissenschaft und Jurisprudenz tut sich hier auf, der Gegensatz von Erkenntnis und Erkenntnistheorie. Aber die Rechtswissenschaft erschöpft sich nicht darin, Jurisprudenz zu sein. Sie will nicht nur das Rechte, sondern vor allem auch das Recht erkennen. Sie ist nicht nur eine »Vorschule« für die Praxis, obwohl sie es auch ist. Sie ist nicht eine mehr oder weniger »theoretische« Praxis, sondern eine Theorie der Praxis, die sie in ihrer Möglichkeit begreift, indem sie sie begründet und vollendet, weshalb sie mehr als Praxis ist. Sie ist das Selbstbewußtsein der Praxis, die darin zu sich selber, zu ihrer Einheit und Ganzheit kommt, wodurch sie sich auch in den scheinbar »unpraktischen« Fragen als fruchtbar und bedeutungsvoll erweist. In allen praktischen Einzelfragen wird sich und muß sich mehr oder weniger zeigen, wie wir »im Grunde« denken, weshalb in jeder Jurisprudenz eine bestimmte Rechtswissenschaft ganz unverkennbar in die Erscheinung tritt, sowohl bei der historischen Schule, als auch beim Positivismus, sowohl bei der Begriffs-, als auch bei der Interessenjurisprudenz und wie die Gegensätze sonst noch heißen mögen. Wie ich judiziere, das hängt davon ab, was für ein Jurist ich bin. Auch in den »praktischen« Wissenschaften, wie die Rechtswissenschaft es ist, wird man nicht übersehen dürfen: die Wahrheit ist das Ganze und die Wirklichkeit auch, wozu die »Formulierungsfragen« gehören. Es ist der Sinn der Wissenschaft, die Wirklichkeit in ihrer Wirklichkeit, die Wirklichkeit als Wirklichkeit zu erkennen; und wir haben sie erkannt, wenn wir davon Rechenschaft zu geben vermögen, warum jedes Wirkliche gerade diesen einen, nämlich seinen Sinn im Ganzen der Welt hat, was »Formulieren« bedeutet. Jedes Wirkliche ist das, was es von sich sagt im Ganzen, und gar nichts anderes, obwohl es in das andere übergeht, weil es »im Grunde« mit ihm »zusammenhängt«. Es will beim Wort genommen werden, was der einfache und betonte Grundgedanke dieser ganzen Abhandlung ist.

Recht ist Recht und nicht nur positives Recht, Gesetzgebung ist Gesetzgebung und noch nicht Rechtssetzung, Rechtserkenntnis ist Rechtserkenntnis und nicht blos Rechtsforschung. Und die »Formulierung«? Wie steht es um sie? Formulierung ist Formulierung und nicht Erkenntnis! Gewiß, und zwar deshalb, weil man auch »formulieren« kann, ohne zu erkennen, nämlich als »Poet«, niemals aber umgekehrt. Denn erkennen heißt denken und denken heißt »formulieren«, weshalb auch der »Poet« formuliert, weil er denkt. Ein unformulierter Gedanke ist kein Gedanke, weil er nichts bestimmt und deshalb auch nichts denkt. Es fehlt ihm die »Prägnanz« in seiner Verschwommenheit. Unformulierte Erkenntnis, wenn ich es einmal der Sache wegen so ausdrücken darf, wäre »totale Sonnenfinsternis«. Am Ende des Denkens und des Erkennens steht das »Wort«, wie es auch am Anfang steht. Wir verstehen das Wirkliche, indem wir seine Sprache deuten; aber wir mißverstehen es, wenn wir sie umdeuten. Wir verstehen und deuten es in und aus dem Ganzen, weil es nur in einer Sprache Worte gibt, und wir haben unser Ziel erreicht, wenn wir den Ort gefunden und bestimmt haben, den es im Ganzen hat. Etwas begreifen und begriffen haben heißt, wissen, wo es hingehört. Das Recht »begreifen«, wenn man es recht bedenkt, heißt nicht, das Recht mit mehr oder weniger rohen Händen greifen und gleichsam in Begriffe kneten, wodurch man es beschädigt und verletzt und schließlich tötet. Es ist das große Verdienst der Interessenjurisprudenz, daß sie erkannt hat, daß dies nicht möglich ist und dem »vielgestaltigen Leben« Gewalt antut. Wer diese rohe, äußerliche Art als »Begriffsjurisprudenz« verwirft, hat Recht und nochmals Recht. Aber er muß hinzufügen, daß es auch eine andere, innerliche und geistige Art des Begreifens und damit eine »Begriffsjurisprudenz« im guten Sinne gibt, die auf das Wesen geht. Sie will das »vielgestaltige« Leben nicht in Begriffe fassen, die es von außen irgend wie heranträgt, wobei man sich auch fragt, warum sie sich die Mühe macht, nochmals zu formen und damit umzuformen, was schon, im Keime wenigstens, geformt ist. Sie will das Leben nicht verdoppeln, sondern in seinen ursprünglichen, mehr oder weniger deutlichen Gestalten »verstehen«, es von innen, nicht von außen, mit geistigen und nicht mit körperlichen Händen greifen. Sie will die »Sprachverwirrung« klären, die über seiner Formenwelt gelagert ist. Sie will die Wahrheit und die Wahrheiten erkennen, die innere, mehr oder weniger vorhandene Vernunft des »vielgestaltigen« Lebens sich »zu Gemüte« führen, so daß sie ebenso »vielgestaltig« ist, wie das Leben selbst. Nicht eine abstrakte, wohl aber eine konkrete Begriffsjurisprudenz tut not, weil wir nur das erkannt und verstanden haben, was wir von innen her begriffen haben, worin ich mich mit der Interessenjurisprudenz einig weiß.

In diesem Sinne ist und bleibt die Interessenjurisprudenz, wenn ich sie recht verstehe, »Morphologie« oder Gestaltlehre und damit Wirklichkeitslehre des Rechts. Sie will die Wirklichkeit und ihre Gestalten, sie will die Rechts- und Sinngebilde, die sie »Interessenlagen« nennt, nehmen wie sie sind, sie in ihrer Möglichkeit und ihren Möglichkeiten bedenken und erkennen, mit einem Wort sie durch Begriffe deuten, nicht aber Begriffen unterwerfen, was nur in ganz einfachen Fällen auf dasselbe herauskommt. Interpretation, nicht Subsumption ist ihre Methode, und zwar mit Recht, weil das Wirkliche nicht nur das Besondere, sondern auch das Andere des Möglichen ist, so daß es in seiner spezifischen Wirklichkeit zu kurz kommt, wenn es dem Möglichen und Denkbaren, mit einem Wort dem Begriff in seinem traditionellen, subjektiven, formalistischen und abstrakten Sinne einfach und kurzerhand unterstellt wird. Das Andere im Wirklichen geht verloren, wenn man es nur als das Besondere des Möglichen betrachtet, das es auch ist, womit man es »nach Schema F« behandelt.

Damit aber ist gesagt, warum im tiefsten Grunde nur die Bildersprache, nur das Gleichnis der Wirklichkeit und ihren Gebilden voll gerecht wird. Denn alle Deutung ist notwendig insoweit »Schematismus«, als sie mit Begriffen, d. h. mit Möglichkeiten arbeitet und nur die Einzelzüge, niemals das Ganze aussprechen kann. In aller Deutung bleibt das Ganze als Ganzes auch verborgen, weshalb es nur als Sinnbild, als Symbol zur Geltung gebracht werden kann. Wenn Ihrs nicht fühlt, Ihr werdets nicht erjagen. Die Wirklichkeit im Wirklichen, sie läßt sich nicht ermitteln und darum auch nicht restlos vermitteln, ausdeuten und aussprechen. Was unerforschlich ist, das ist auch unaussprechlich, es läßt sich wohl erkennen, nicht aber schlechtweg sagen, es sei denn, daß man es verkündete. Es ist unergründlich, bis es sich offenbart, und Offenbarung will verkündigt sein, damit sie auch dem andern aufgehe. Aber sie muß sich jedem selber offenbaren in ihrer Ursprünglichkeit. Man kann sie nur mit eigenen Augen sehen, wobei der Ton sowohl auf dem »sehen«, als auch auf den »eigenen Augen« liegt. Sinngebilde sind, was sie sagen, nämlich Sinnbilder, Visionen oder Gesichte. Alles Irdische ist nur ein Gleichnis, aber es ist auch ein Gleichnis. Es hat Symbolcharakter, auch im Recht, wie wir hinzufügen. Auch hier ist das Denken und das Forschen der Erkenntnis eingeordnet, wie wir schon oben ausgeführt haben, die ebensosehr durchdachte Anschauung ist wie angeschauter Gedankengang, was Hegel die Selbstbewegung des Begriffs, des konkreten Begriffs, nennt, der wir nur »zusehen«.

Das ist es, und es ist das einzige, was ich gegen die Interessenjurisprudenz auf dem Herzen habe, daß sie den konkreten Begriff nicht mit dem gleichen Bewußtsein vertritt, wie sie den abstrakten verwirft, weshalb sie die Formulierungsfragen nur als Formulierungs- und nicht auch als Erkenntnisfragen gelten läßt, womit sie die praktische Seite der Jurisprudenz, die in der alten Begriffsjurisprudenz in der Tat mitunter vernachlässigt worden ist, auf Kosten des »nur« Theoretischen und »Anschaulichen« etwas zu einseitig betont, so daß sie insoweit mehr Jurisprudenz als Rechtswissenschaft ist, und zwar deshalb, wie ich glaube, weil sie im Gegensatz von Nominalismus und Realismus befangen bleibt, statt zu der Wirklichkeit in ihrer Ganzheit und damit zu der ganzen Wahrheit vorzudringen. Die Interessenjurisprudenz muß dialektisch werden; sie möge diese kühne Forderung verzeihen. Sie darf sich nicht dem Nominalismus verschreiben, weil sie den Realismus des Begriffs mit Recht bekämpft, wenn ich es dahin »formulieren« darf. Aber es stünde schlimm um sie und uns, wenn wir mit ihr restlos zufrieden wären. Denn würden wir bei ihr stehen bleiben, so wie sie ist, ohne sie fortzubilden oder wenigstens fortbilden zu wollen nach dem Maße unserer Einsicht, so hätte sie bald ausgespielt. Nur was sich gliedert und damit umgliedert, indem es sich erneuert, hat inneres Leben. Wir müssen uns darüber klar werden, daß die Erkenntnis, weil sie in der Wirklichkeit ist, die sie erkennt, auch Wirklichkeit hat, womit ihr Gegensatz zur Wirklichkeit verschwindet, der nur im Denken ist. Alle Erkenntnis ist Selbsterkenntnis, so gewiß Wirkliches Wirkliches und Wirklichkeit Wirklichkeit erkennt, weshalb sie Einheit in der Zweiheit ist.

Darum ist die Erkenntnis und nicht das Denken und das Forschen unser Letztes. Wenn das Denken der Wirklichkeit auf den Grund geht, geht es im wahrsten und tiefsten Sinne des Wortes »zu Grunde«, was seine Bestimmung ist. Es ist der Sinn des Denkens, zu Grunde zu gehen, indem es allem und auch sich selbst auf den Grund geht, woran es stirbt. Denn nur wenn das Denken zu Grunde gegangen ist, wird es mit der Erkenntnis begnadet, die aus dem Grunde aufsteigt, ohne daß sie ergründet werden könnte. Auch das Denken muß über sich hinaus gelangen, auch es muß mehr wollen als sich selbst, nämlich Erkenntnis. Es muß sich selbst und alle seine Unterscheidungen als vorläufig nehmen. Nur die Erkenntnis kann nicht mehr überboten werden. In der Erkenntnis, die nicht erdacht werden kann, weil sie offenbarte Erkenntnis ist, ist das Denken aufgehoben und zu seiner

Ruhe eingegangen. In der Erkenntnis schweigen die Gedanken, erlöst vom Widerspruch und auch vom Irrtum. Gedanken sind wahr und falsch. Erkenntnis aber, wenn sie wirkliche Erkenntnis ist, ist niemals falsch. Sie ist immer wahr, sie ist immer wahre und damit wirkliche Erkenntnis des Wirklichen. Sie ist immer ganz und damit absolut wie alle Wirklichkeit und ohne Gegensatz und ohne Widerspruch. In der Erkenntnis, wenn sie uns aufgegangen ist, haben wir die Wirklichkeit so, wie sie ist, nachdem wir das Denken und seinen Gegensatz zur Wirklichkeit »überwunden« haben. Aber nur wer denkt, erkennt. Der »Gedankenlose« hat keine Erkenntnis. Freilich auch der Bedenkliche und Nachdenkliche gelangt nicht zu ihr, weil und soweit er in seinem Denken mit seinen Unterscheidungen stecken bleibt. Man muß seine Gedanken »zu Ende« denken, wenn man in die Erkenntnis eingehen will, in die reine, von allem andern, auch vom eignen Denken befreite und erlöste Anschauung der Idee, die der Gedanke Gottes ist und damit Wirklichkeit.

Denken entzweit, indem es unterscheidet. Erkenntnis versöhnt, indem sie die Unterscheidungen als Unterscheidungen, als Zweiheit in der Einheit nimmt, womit sich der Kreislauf des Denkens schließt in einer geläuterten unio mystica, wie es das darum als Motto an den Anfang gesetzte Wort Schellings fordert. Denken zergliedert, Erkenntnis zeigt Gliederung, jenes ist vorläufig, diese ist endgültig. In der Erkenntnis schauen wir Gott, der sich uns in ihr offenbart, soweit er sich offenbart, schauen wir, um mit Goethe zu reden, die Urphänomene »in ihrer unerforschlichen Herrlichkeit von Angesicht zu Angesicht«, wobei jedes Wort bedeutsam ist und nicht überhört werden sollte. Wo die Forschung und das Denken zu Ende ist, fängt die Erkenntnis und das wahre Schauen an; wo das Sprechen versagt, beginnt die Verkündigung. Erkenntnis wird verkündet, wie jeder Jurist, namentlich aber der Richter wissen sollte, der für Recht »erkennt« und das Erkannte dann »verkündet«.

Nur Erkenntnis kann verkündet werden, und alle Verkündigung verkündet Erkenntnis. In dieser Formel: »Erkannt und verkündet«, mit der der Urteilsspruch nach altem Herkommen, wenigstens in Norddeutschland, sich einführt, hängt das ganze Recht und die ganze Rechtswissenschaft, was eigentlich nur den verwundern kann, dem die Sprache nichts weiter ist als ein äußerliches Verständigungsmittel zum Hausgebrauch. Im Urteil des Gerichts muß das Recht sich über sich selber aussprechen, weil es in ihm den Gipfel seiner Herrlichkeit erreicht. Recht ist Gericht. Was ihm vorangeht, das Gesetz, ist nur ein Vorspruch, und, was ihm nachfolgt, die Zwangsvollstreckung, nur ein Nachspiel. Im Gericht konkretisiert sich das Recht, verwächst es mit der Wirklichkeit, von der man es im Gesetz »in Gedanken« gesondert hat. Erkenntnis fordert Bekenntnis, sie will verkündet sein, damit sie nicht in ihrer Schweigsamkeit zu Grunde gehe. Schweigende Erkenntnis ist ein vergrabenes Pfund, das nicht wuchert und auch nicht wuchern kann.

Darum sind alle Unterscheidungen — das sollte man nicht übersehen — zum Tode verurteilt. Sie sind dazu bestimmt, gemacht zu werden, nicht aber gemacht zu sein, weshalb man nicht bei ihnen stehen bleiben kann, als wären sie endgültig. Ihr einziger Sinn ist gerade der, vorüberzugehen, vorüberzugehen und doch nicht vergessen zu werden. Sie sterben, aber sie bleiben in unserm Gedächtnis. Sie kehren dahin zurück, woher sie gekommen sind, in die Einheit aus der Einheit, in die Ganzheit aus der Ganzheit. Darum sind die Denker und die Forscher, die nicht vom Unterscheiden, sondern von den Unterschieden leben — und wie viele leben davon! — nicht in der Wahrheit und nicht in der Wirklichkeit, die ungeschiedene, wenngleich zu scheidende, gegliederte, aber nicht zergliederte Ganzheit ist. Sie unterscheiden sich ja selbst, wenn sie bei ihren Unterscheidungen stehen bleiben, von der Wirklichkeit, so daß sie außerhalb von ihr und ihrer Erkenntnis sind. Sie sind nicht mit ihr »eins« geworden, woran sie ihre Unterscheidungen hindern, die ihre ganze Freude sind. Aber das letzte Wort haben nicht die Unterscheidungen, sondern die Ganzheit und die Einheit, die sie umschließen. Die Dialektik der Wissenschaft ist »vorläufig«, vorläufig auf ihr Ende in der Erkenntnis. Aber die Erkenntnis ist die Erkenntnis der Wirklichkeit in ihrer Dialektik, da alle Wirklichkeit, weil sie Gliederung ist, Dialektik ist. Somit ist die Dialektik des Denkens, nämlich das Gliedern, mit der Dialektik der Wirklichkeit, nämlich der Gliederung, »verwachsen«, wie der Schatten mit dem Lichte verwachsen ist. Es sind die Schattenbilder der Wirklichkeit, die an uns vorüberziehen, wenn wir das System ihrer Begriffe sich entfalten lassen, Schattenbilder, die in uns aufsteigen, wenn wir forschen und denken, und uns die Wahrheit schauen lassen, was bekanntlich ein uraltes, freilich etwas abgewandeltes Gleichnis ist.

IV.

In diesem und nur in diesem Sinne von Ganzheit und Absolutheit, die alle Gegensätze einschließt und als »vorläufige« nimmt, hat auch das Recht die Wirklichkeit, die wir ihm zuschreiben. Nicht weil es Friedensordnung, sondern weil es auch Friedensschluß ist, ist es wirklich. Nur wenn es Seins- und Sollensordnung seiner Rechtsgemeinschaft ist, hat es wirklich und wahrhaftig »Existenz«. Denn wenn die Rechtsgemeinschaft sich nicht in ihrer Rechtsordnung befindet, wenn sie sich nicht in sie hineinfindet, sondern außerhalb von ihr bleibt, so ist diese nicht ihr Recht und ihr Gesetz. Sie steht dann nur auf dem Papier, auf das man sie geschrieben hat. Sie ist nicht Wirklichkeit, sie führt nur eine Scheinexistenz. Wirklichkeit hat und erlangt sie erst dann, wenn die Rechtsgemeinschaft sich wirklich in ihr gliedert, nicht nur normlogisch, sondern auch soziologisch. Die Identität von Sein und Sollen in der Rechtsgemeinschaft, ihre Einheit in der Verschiedenheit, das ist die Wirklichkeit des Rechts, die darum geschichtlich ist.

Somit wandelt sich die Rechtsgemeinschaft in und mit ihrer Rechtsordnung, und umgekehrt, was der Sinn der Rechtsgeschichte ist. Wenn die Rechtsgemeinschaft sich wandelt — und sie wandelt sich, so gewiß sie geschichtlich ist — muß sich über kurz oder lang auch die Rechtsordnung wandeln, weil sie sonst ihre Wirklichkeit verlieren würde. Die Rechtsordnung muß immer »mit der Bewegung« sein, um in der Sprache des Reiters zu reden. Sie darf ihr nicht zu sehr voraneilen, aber auch nicht zu sehr hinter ihr zurückbleiben, weil sie sonst den Zusammenhang mit ihr verliert. Aber sie darf sich auch nicht einfach treiben lassen, weil sie, obwohl sie mit der Bewegung ist, doch sie beherrschen soll und will. Jeder Reiter kennt diese geheimnisvolle Herrschaft über die Bewegung, und es will mir scheinen, als ob die Politik und darum auch die Rechtspolitik, die praktische Rechtserkenntnis also, von der Reitkunst manches lernen könnte. Der gute Reiter ist der Politiker, wie er sein soll, weil er das Leben beherrscht, von dem er sich bewegen und tragen läßt.

Diese Herrschaft über die Bewegung also ist die Wirklichkeit des Rechts und der Gehalt der Rechtsgeschichte. Denn alle Wirklichkeit ist Geschichtlichkeit. Nicht ist die Wirklichkeit geschichtlich. Wie sie nicht wirklich, sondern eben Wirklichkeit ist, also ist sie auch nicht geschichtlich, sondern Geschichtlichkeit, wenn man auf eine saubere Sprache Gewicht legt. Sie ist nicht zeitlich, sondern Zeitlichkeit. Alles Wirkliche hat seine Zeit und seine Geschichte. Aber die Wirklichkeit selbst hat keine Zeit und keine Geschichte. Sie ist der Fluß der Zeit und der Strom der Geschichte, in dem das Wirkliche wirklich und zeitlich ist, in den es mit der Geburt hinein-, aus dem es mit dem Tode heraustritt, wenn »seine« Zeit abgelaufen ist. Jedes Wirkliche ist in seiner Zeit und damit zeitlich und sterblich. Es hat diese seine Zeitlichkeit. Aber weil es damit auch in der Wirklichkeit ist, ist es auch zeitlos und nicht nur zeitlich, sondern unsterblich und ewig. Die Ewigkeit ist die Zeit, weil sie nicht eine Zeit ist. Sie ist die Zeit der Zeiten, ihr Inbegriff und ihre Ganzheit, ihre Möglichkeit und ihre Wirklichkeit. Und nunmehr begreifen wir, begreifen wir von neuem in seiner ganzen Tiefe, was es heißt, daß sich das Recht als Wirklichkeit und Geschichtlichkeit nicht nur systematisch-normativ, sondern auch historisch-soziologisch, nicht nur horizontal, sondern auch vertikal gliedert, daß es Gliederung in dem vollen Doppelsinn dieses Wortes als Vorgang und Zustand ist. Denn da jedes Recht seine Wirklichkeit und seine Zeit hat, so gewiß es in der Zeit ist, da es eine und nicht die Wirklichkeit ist, ist es ebensowohl zeitlos wie zeitlich. Es ist zeitlich, weil es in seiner Zeit ist, und es ist aus demselben Grunde zeitlos, weil es in der Zeit der Zeiten und damit in der Ewigkeit ist.

Darum ist nicht alles sterblich und vergänglich am Recht, weil und soweit es die Stimme der Gerechtigkeit verstanden hat und deren Ruf gefolgt ist. Es ist nicht alles »zeitgeschichtlich« und auch nicht alles »völkisch« am Rechte einer Zeit und eines Volkes, was der wahre und unverlierbare Kern des unsterblichen Gedankens des Naturrechts ist, den keine »Geschichtlichkeit« vernichtet und vernichten kann, weil die Geschichtlichkeit als die Wirklichkeit, die sie ist, selbst zeitlos ist. Die Wirklichkeit ist zeitlos, wie wir sahen, und jedes geschichtliche Recht ist bis zu einem gewissen Grade zeitlos und darum auch für alle Zeiten. Und zwar ist es dies um so mehr, je weniger es »positiv« ist und umgekehrt, nicht nur zeitlich, sondern auch seinem Wesen nach. Es ist um so mehr für alle Zeiten, je mehr es die »Natur der Sache« ausspricht, je mehr es sagt, was auch sonst gelten müßte. Je »positiver« ein Recht ist, je mehr es »gemacht« ist, umso weniger »natürlich«, um so zeitlicher und sterblicher ist es, und umgekehrt. Es gibt Rechtssätze, an denen die Jahrhunderte und fast auch die Jahrtausende, soweit wir davon reden dürfen, nahezu spurlos vorübergegangen sind und vorübergehen wie an den unsterblichen Werken der Metaphysik und Dichtkunst, die heute so neu sind, wie sie gestern waren und morgen sein serden, weil und soweit sie wirklich Erkenntnis bedeuten. Denn die Erkenntnis, wenn sie wirklich und wahrhaftig eine solche ist, ist erhaben über die Zeit, weil sie Offenbarung ist, und wenn es richtig ist, was Julius Binder einmal sagt (Kant-Studien Bd. 25, 1920), »daß — in gewissem Sinne — wissenschaftliche Bibliotheken gar keine andere Aufgabe haben, als Makulatur zu werden, und daß gerade darin, daß sie es werden, ihr wissenschaftlicher Charakter begründet ist« — und es ist richtig —, so gehören die Bücher der Erkenntnis zu der von Binder angedeuteten Ausnahme, weshalb wir ihnen nicht nur geschichtlichen, sondern ewigen Wert zuschreiben, da sie nicht »nur« wissenschaftlich, sondern eben metaphysisch sind, weil sie aufs Ganze gehen, das ewig ist.

Darum, was heute wieder hervorgehoben werden muß, spricht auch aus altem und auch aus fremdem Recht die Stimme der Gerechtigkeit zu uns, die wir nicht überhören dürfen, wenn wir uns nicht berauben wollen, wenngleich wir sie in unsere Sprache übersetzen müssen. In der Gegenwart ist mit der Zukunft auch die Vergangenheit gegenwärtig, und über den einzelnen Völkern erhebt sich der Weltgeist als die Völkergemeinschaft aller Zeiten. Somit gehört schon große Einseitigkeit dazu, um es so milde auszudrücken, wenn man glaubt, alles und jedes aus der Gegenwart und aus dem eigenen Volksgut bestreiten zu müssen oder auch nur zu können, wenngleich kein Zweifel darüber sein sollte, daß bis zum Beweis des Gegenteils das Eigene für uns das erste und auch das beste ist. Das deutsche Recht, um das Beispiel zu geben, auf das hier jeder wartet, ist unserm Volke aus der Seele gesprochen, weshalb ihm und seinem Geiste in der Praxis, um die es sich hier handelt, der Primat gebührt, ohne daß man deshalb andere Rechte und an deren Spitze das römische verachten dürfte, die uns vieles und sogar wesentliches zu sagen haben, worüber unter Gebildeten im Zeitalter der Rechtsvergleichung ein Streit kaum möglich sein dürfte.

Freilich legt uns das die Verpflichtung auf, daß wir ergründen, soweit es zu ergründen ist, welches der Geist des deutschen Rechtes ist, von dem wir wünschen und wünschen müssen, daß er mit uns auch in der Gegenwart sei; und es ist die ebenso schwere wie schöne Aufgabe der deutschen Rechtsgeschichte, daß sie ihn rufe und beschwöre, indem sie aus der Geschichtsforschung in Geschichtsschreibung sich verwandelt, wie wir dies näher ausgeführt haben. Denn der Geist des deutschen Rechts wie jeder Geist läßt sich nicht erforschen, sondern nur erkennen, indem man ihn in den erforschten Daten und Fakten der Überlieferung wiedererkennt, wenn und so weit er sich offenbart. Dabei wird sich zeigen — und das gilt für jedes andere Recht genau so —, daß der Geist, weil er die Wirklichkeit des Rechtes ist, dem er angehört, seine Zeit und damit seine Zeiten hat, so daß man nicht ohne weiteres eine bestimmte Zeit, etwa die sogenannte Urzeit, herausgreifen und behaupten darf, sie enthalte den gesuchten Geist in seiner Ganzheit und Reinheit. Wie der Mensch in seiner ganzen Zeit und nicht nur in einem bestimmten Zeitabschnitt Wirklichkeit hat, also ist es auch mit den Völkern und ihren Rechten nicht anders. Ihre ganze Zeit ist ihre Wirklichkeit, so daß der deutsche Rechtsgeist noch nicht völlig offenbar geworden ist, weil und soweit er noch in uns und unsern Nachkommen wirksam ist.

Andererseits freilich wird man nicht leugnen können, daß der Geist einer Erscheinung in den einzelnen Abschnitten seiner Zeitlichkeit mehr oder weniger deutlich hervortritt. Wir unterscheiden Zeiten der Eigenheit und Zeiten der Fremdheit, jene, wo der Geist mehr, diese, wo er weniger bei sich ist, weil er von fremden Eindrücken überwältigt ist. Und in diesem Lichte erhält die Urzeit eines Rechtes in der Tat die erhöhte Bedeutung, die wir ihr beizulegen pflegen. In der Urzeit ist ein Volk dem Urgrunde seiner selbst gewissermaßen am nächsten, weshalb alle Wiedergeburt, alle Renaissance, weil sie eine Rückkehr in den Urgrund ist, darum auch ein besonders nahes Verhältnis zu der Urzeit ihrer selbst unterhält. Aber wie wir nicht mehr Kinder werden, obwohl wir wie die Kinder werden sollen, wenn wir in das Reich Gottes eingehen, also bedeutet auch die Wiedergeburt der Völker und ihrer Rechte nicht eine Wiederholung der Urzeit, sondern eine Erneuerung aus dem Urgrund, der in ihr am unverfälschtesten zutage tritt.

Solche Erneuerung aus dem Urgrund seiner Geschichte aber tut jedem Volke, also auch unserm Volke not. Denn daß wir »weltanschaulich so zerrissen« sind, wie heute eine einzige Klage ist, ist nur das äußere Zeichen unserer inneren Geschichtslosigkeit, an der der Historismus nicht unschuldig ist, da er die Geschichte zu sehr in Fachwissenschaft verwandelt und damit ihrer eigentlichen Lebenskraft beraubt hat. Dann ist begreiflich, daß man zwar wohl Geschichte, nicht aber aus der Geschichte etwas lernen, ihr keine Normen für die Zukunft entnehmen kann, wie es das nahezu unanfechtbare Dogma unseres »wissenschaftlichen Zeitalters« ist, bei dem der Historismus und der Positivismus, mit einem Wort der Relativismus, so sichtbar Pate gestanden haben. Denn die Geschichte, die wir zum Objekt unserer Forschung und Fachwissenschaft machen, hat in der Tat uns nichts zu sagen, zumal wir sie auch gar nicht zu Worte kommen lassen, solange wir sie erforschen. Sie kann sich uns nicht offenbaren, nicht unser Schicksal werden, das sie werden sollte. Sie ist nicht gegenwärtig, sie gliedert sich nicht in uns, und wir gliedern uns nicht in ihr, so daß wir nicht ein Herz und eine Seele mit ihr sind. In und mit seiner Geschichte eins sein aber ist zugleich der Sinn des Volkes und sein Wesen, wie wir wissen, das eine Einheit in der Geschichte, eine geschichtliche und geschichtsbewußte Größe ist. Soweit wir unserer Geschichte bewußt sind, soweit sind wir ein Volk, und umgekehrt, was mit Fachkenntnissen nur sehr wenig etwas zu tun hat. Volksbewußtsein ist Geschichtsbewußtsein, Geschichtswissenschaft im höchsten Sinne, die die Geschichtsforschung einschließt und allererst sinnvoll macht, weil sie Geschichtserkenntnis bedeutet, Erkenntnis ihrer zeitlich-zeitlosen Werte, die uns alle binden. Die Überbetonung der »Forschung« in der Wissenschaft hat uns den Mut zur Erkenntnis geschwächt, so daß wir jedes unbegründete Gerede, jeden gottlosen Einfall als eine respektable »Weltanschauung« schätzen und ertragen, sofern sie sich nicht »wissenschaftlich«, d. h. durch Daten und Fakten als Geschwätz erledigen lassen. Das wird vorübergehen, weil es eine falsche und geradezu tödliche

Duldsamkeit ist, die einen Mangel an »Substanz« verrät. Im deutschen Wesen sind wir ein Volk, und im deutschen Wesen sind wir auch eines Geistes und einer »Weltanschauung«, wenn wir nur ernstlich darum ringen. Volkheit ist Wirklichkeit, ist eine Aufgabe, eine Aufgabe der Erkenntnis und nicht nur der Forschung. Die Wirklichkeit des Volkes läßt sich nicht erdenken und nicht erforschen. Sie will »erlebt« sein, weil und soweit sie sich uns in der Geschichte, die die Vergangenheit und Zukunft gegenwärtig macht, offenbart. Sie will erlebt und dann erkannt sein.

Das Leben eines Volkes in seiner Geschichte aber, die Gliederung seiner Zeit in Zeiten, in Urzeit also und was es sonst noch wäre, ergibt sich für die Rechtsgeschichte aus ihrem Sinn und Wesen ohne weiteres. Denn wenn die Rechtsgeschichte, wie wir sagten, der Kampf ums Recht im Zeichen der Gerechtigkeit ist, den ein Rechtsvolk führt, so müssen in ihr Kriegs- und Friedenszeiten wechseln, wovon die letzteren nur Kampfespausen und Waffenstillstände sind. Unablässig, bald laut, bald leise, mit Atempausen, aber niemals aufhörend, geht dieses Ringen deshalb, weil das Volk, das in ihm steht, nur in der Auseinandersetzung seiner Glieder mit ihm und untereinander Dasein und Leben hat. Würde dieses Ringen aufhören, endgültig aufhören, so fände auch keine Gliederung und keine Erneuerung mehr statt, die letzte Stunde wäre angebrochen und der Tod stünde vor der Tür. Selbst der Friede ist nicht ohne Kampf, da er nicht ohne Friedensverhandlungen ist, die nur ein Krieg mit anderen Mitteln sind.

Somit ist der Friedensschluß, wie er in der Friedensordnung vorliegt, nur ein Waffenstillstand. Er unterbricht den Kampf, um ihn auf neuer Grundlage wieder aufleben zu lassen. Er verändert nur die Kampfesregeln und die Kampfesziele, er beschließt die alte und eröffnet eine neue Zeit. Was wir in der Rechtsgeschichte und auch sonst Epochen nennen, ist ihre Gliederung nach Friedensschlüssen. Die Friedensschlüsse sprechen aus, daß das Alte vergangen und das Neue hervorgetreten ist, daß die Rechtsgemeinschaft sich nach einem neuen Prinzipe gliedert und demgemäß verändert hat. Sie ist eine andere und neue geworden, obwohl sie dieselbe und insofern die alte geblieben ist, als sie ja nur eine neue Zeit in ihrer bisherigen und ihrer ganzen Geschichte begonnen hat. Sie hat sich gewandelt und gewendet, hat sich umgewendet und umgegliedert. Jede

Wandlung ist Umwandlung, Umkehr des Bisherigen in sein Gegenteil, ohne dieses dabei zu zerstören oder zu verleugnen. Wer sich wandelt, dreht sich um und um, dreht sich gleichsam zweimal um, so daß er niemals lediglich zurückkehrt. Wandlung ist nicht nur Umkehr, nicht nur Rückschritt, sondern auch Fortschritt, Erneuerung, Erneuerung des Alten, das im Neuen bleibt. Im Neuen ist das Alte neu, so neu, daß man es kaum noch wiedererkennt. Wandlung macht »wie« neu. Sie ist »dialektisch«.

Diese Umgliederung der Rechtsgemeinschaft von Zeit zu Zeit, von Epoche zu Epoche ist Wirklichkeit. Sie ist die Wirklichkeit der Rechtsgemeinschaft, die eben darin besteht, daß sie sich umgliedert. Daher wird sie nicht eigentlich erforscht, auch nicht erdacht, wohl aber denkend erkannt, wenn sie sich offenbart. Sie ist logischer Art, weil sie gedacht wird. Aber sie ist nicht nur logisch, weil sie nicht »nur« Gedanke, sondern eben auch Wirklichkeit ist. Sie ist nicht rein logisch oder formallogisch, sondern materiallogisch, nämlich soziologisch. Wie die Wirklichkeit der Rechtsordnung rechtsnormlogisch, so ist die Wirklichkeit der Rechtsgemeinschaft rechtssoziologisch, und wie diese eine Dialektik der Ordnung, so ist diese eine Dialektik der Gemeinschaft, und zwar so, daß sie sich wechselseitig ineinander gliedern in der Einheit der Rechtswirklichkeit, die eben Ordnung und Gemeinschaft, Friedensordnung und Friedensschluß ist, wie wir das oben ausgeführt haben.

Wenn die Rechtsgemeinschaft neu geworden ist, indem sie sich umgegliedert hat, so ist auch ihre Rechtsordnung neu geworden, und nur an dieser kann man die Neuheit jener ablesen. Denn solange die Rechtsordnung nicht eine andere und neue geworden ist, ist der Prozeß der soziologischen Umschichtung noch nicht zum Abschluß gekommen. Das Urteil ist noch nicht gesprochen, das Urteil, das eine Rechtsgemeinschaft in ihrer Rechtsordnung über sich selber spricht in dem Rechtsstreit, den ihre Rechtsgeschichte bedeutet. Die Rechtsordnung einer Zeit ist das Urteil einer Rechtsgemeinschaft über sich selbst, ist Selbstverurteilung und Selbsterkenntnis. So viel die Rechtsordnung wert ist, so viel ist auch die Rechtsgemeinschaft wert, die in ihr lebt, und umgekehrt.

Dieses Urteil, das die Rechtsgemeinschaft in ihrer Rechtsordnung über sich selber fällt, ist allemal ein Zwischen-, niemals ein

Endurteil. Es ist das Urteil, das den Zwischenstreit einer Epoche beendet. Wenn der Historiker eine neue Epoche anfangen läßt — er läßt sie anfangen! —, hat er ein solches Zwischenurteil in seiner Überlieferung, in der Fülle der Daten und Fakten erkannt und vorgefunden, das er verkündet. Aber er verkündet nur Zwischenurteile. Denn ehe es zu einem Endurteil kommen kann, ist der Rechtsstreit in der Hauptsache erledigt, weil nichts mehr da ist, worüber entschieden werden könnte. Wenn die Rechtsgemeinschaft sich aufgelöst hat, so können sich höchstens ihre Erben über die Kosten streiten, wie wir dies am besten beim römischen Rechte sehen.

Jede Epoche ist eine Einheit in der Zweiheit, insofern sie anders endet, als sie angefangen hat. Von dem einen Friedensschluß zum andern durch Kampf, von dem einen Spruch zum andern durch Widerspruch, das ist das Wesen der Epoche, die darum »dialektisch« ist. Jeder Spieler findet seinen Gegenspieler in der Geschichte, jeder Sieger seinen Besieger, mit dem er sich verbündet, wenn der Kampf ausgefochten ist, und zwar deshalb, weil ihnen beiden, während sie miteinander rangen, ein neuer Gegner erstanden ist. Denn es entsteht immer Neues, solange Leben ist, und das Neue ist immer der Feind des Alten, das es vorfindet, von dem es sonst nicht unterschieden wäre.

Darum ist alle Geschichte »dialektisch«, und die Rechtsgeschichte ist es auch. Geschichte schreiben heißt, ihre Wirklichkeit und damit ihre Dialektik erkennen. Freilich erkennen! Der Historiker erkennt die Dialektik und er erkennt sie im Stoff, in den Daten und Fakten. Er saugt sie sich nicht aus den Fingern, um es absichtlich so handgreiflich und abschreckend wie möglich auszudrücken. Er erdenkt sie nicht, sondern er erkennt sie im Nachdenken, wenn sie ihm offenbar wird, er ist erst nachher so klug, wie auch Hegel in seiner Geschichtsphilosophie ausdrücklich betont, wo man es nachlesen kann und nachlesen sollte, um nicht unbegründete Vorwürfe gegen ihn zu erheben. Die Geschichte in ihrer Dialektik erkennen, heißt nicht, sie vorausberechnen wollen, was nur »Propheten« für sich in Anspruch nehmen, wenngleich jeder echte Politiker etwas von echtem Prophetentum an sich tragen muß. Dialektik ist nicht Mathematik, weil sie Wirklichkeit und damit Gliederung bedeutet, weshalb es gut wäre, sie auch so zu benennen.

Wie die deutsche Wirklichkeit uns mehr sagt als die fremde Realität, also sagt uns auch die deutsche Gliederung mehr als die fremde Dialektik, die zu sehr belastet ist, als daß sie den Glauben und das Vertrauen finden könnte, das sie verdient. Unter Gliederung kann sich jeder etwas denken, der Gebildete wie der Ungebildete, der Gelehrte wie der Ungelehrte. Selbst der unphilosophischste oder sogar philosophiefeindlichste Forscher, der bei Dialektik sofort an Spitzfindigkeit, Unredlichkeit und Silbenstecherei denkt und Lug und Trug dahinter wittert, wird gegen Gliederung nichts einzuwenden haben, zumal er sie ja selber gar nicht entbehren kann, wenn er ans Schreiben geht. Aber auch unter Philosophen ist sie der Dialektik sprachlich vorzuziehen, weil sie den Gedanken der Ganzheit besser trifft, wie Othmar Spann (Blätter für deutsche Philosophie, Bd. 4 1930) soeben mit Recht hervorgehoben hat. Dazu kommt, daß sie zugleich die glückliche Verdeutschung für das ebenfalls nicht unbedenkliche Wort System darstellt, dessen dialektische Dynamik sie ganz vortrefflich wiedergibt. Wie die Wirklichkeit den drohenden »Materialismus« der Realität fernhält, also begegnet die Gliederung dem »Formalismus« der Dialektik und der »Statik« des Systems, die manchen mehr oder weniger begründeten Angriff hervorgerufen haben. Warum sollen wir nicht deutsch zu Deutschen reden, noch dazu, wo es so handgreiflich zum Vorteil der Sache ist? Die Sprache ist der Weg zur Wirklichkeit. Sie kann uns führen und verführen, und mancher Streit würde unterbleiben, wenn sich nicht mit Worten so trefflich streiten ließe. Freilich, oft ist auch ein sachlicher und begründeter Gegensatz im Spiele, wenn die Dialektik bekämpft und verworfen wird. Es gibt eine Dialektik, die über dem Denken das Nachdenken vergißt und übersieht, daß alle Wirklichkeit, weil sie Individualität und damit Ganzheit ist, ein Leben zu verlieren hat, das man bedenken, aber auch zerdenken kann. Es gibt eine Dialektik, die nicht weiß, daß alle Dialektik der Wirklichkeit die Wirklichkeit der Dialektik bedeutet, der sie deshalb nicht vorgreifen darf, die sie vielmehr walten lassen muß, bis sie sich ihr offenbart, wodurch sie zur Ruhe kommt in der Erkenntnis, die alles Denken auslöscht in der Anschauung. Wirklichkeit ist, was wirkt, Gliederung hat, was sich gliedert. Es gliedert sich auch ohne uns, und wir erkennen es nur dann, wenn wir es in seiner Gliederung begriffen denken.

Dieser ganz schlichte Sachverhalt ist es, den die berühmte Selbstbewegung des Begriffs, der wir nur zusehen, in der Hegelschen Dialektik meint. Er ist in der Tat sehr einfach, aber das Einfachste ist schwierig, um mit dem Philosophen des Krieges zu reden, der ein Verehrer Hegels war. Denn das Einfachste, das allem Mannigfaltigen zugrundeliegt und in ihm lebt und webt, ist so verborgen, daß es, wenn überhaupt, nur durch das tiefste, von Erkenntnis gekrönte Nachdenken gehoben und nur im Gleichnis ausgesprochen werden kann. Wer am tiefsten denkt, erkennt dort das Einfachste, das nicht mannigfaltig, sondern einfältig ist. Das Einfachste ist das Einfältige, das die Kinder haben und dann verlieren, um es im Alter wiederzufinden, wenn sie darüber nachdenken. Alles Erkennen ist ein Wiedererkennen, ist Erinnerung oder Anamnesis. Wenn wir die Wirklichkeit erkennen, die Ichheit ist, er-innern wir uns, werden wir dessen inne, was in uns ist, auf dem Grunde unserer Seele seit Anbeginn der Zeit. Wovor sollen wir uns ehrfürchtiger neigen, vor dem griechischen Denken, dem dies zuerst aufgegangen ist, oder vor der deutschen Sprache, die es uns tagtäglich aussprechen läßt? Und heißt es nicht: durch zweier Zeugen Mund wird alle Wahrheit kund?

C.

Wir sind am Schluß, und das Schicksal der deutschen Rechtsgeschichte, von dem wir ausgegangen sind, weil sie durch Neigung und Beruf auch unser Schicksal ist, steht wieder vor uns. Ist sie, so wie sie gegenwärtig ist, wesentlich Geschichtsschreibung oder nur Geschichtsforschung, hat sie das Ganze und damit Geist und Sinn des deutschen Rechts gesucht und erkannt oder mehr nur Einzelheiten und Tatsachen erforscht und festgestellt? Ging es ihr mehr um Wahrheit oder mehr um Richtigkeit, das ist die Frage, die hinter dieser ganzen Abhandlung gestanden, sie eigentlich in Gang gebracht und in Atem gehalten hat. Was ist die deutsche Rechtsgeschichte der Gegenwart und jüngeren Vergangenheit, das ist es.

Die Antwort möge sich jeder selber geben, der es beurteilen kann. Beruft er aber zu diesem Ende die Historiker des deutschen

Rechtes der Gegenwart und auch Vergangenheit vor sein Forum, um sie zu prüfen, ob sie nur Forscher oder darüber hinaus auch Denker und damit Geschichtsschreiber waren und sind, so wird es ihm bei einigen leicht, bei andern um so schwerer fallen, ein begründetes und begründbares Urteil zu gewinnen, und zwar deshalb, weil sie kein ausgeklügelt Buch, sondern Menschen sind mit ihrem Widerspruch. Sie sind Ganzheiten, lebendige Wesen aus Fleisch und Blut, mit Leib und Seele, deren Art mehr oder weniger ausgesprochen, um nicht zu sagen, einseitig ist. Denn auch der einseitigste Mensch, auch der gelehrteste Gelehrte bleibt doch noch Mensch. Ein bescheidener Rest von Menschentum und Ganzheit lebt auch in ihm, der die Ent-scheidung schwer macht.

Dennoch läßt sich die Aufgabe durchführen und eine Antwort geben. Denn wenn die Geschichtsschreibung dadurch mehr als Forschung ist, daß sie einen metaphysischen Untergrund hat, aus dem sie hervorwächst, so ist dieser der Prüfstein, an dem die Geister sich entscheiden. Durch wessen Werke wir ein Gesamtbild von Recht und Geschichte hindurchschimmern sehen, und wäre es auch noch so zart und blaß, in wessen Worten wir einen Hauch von Metaphysik, von Tiefe, Größe und Schönheit, von einem Reiche spüren, das nicht von dieser Welt ist, dem und nur dem werden wir den Preis zuerkennen, der dem Geschichtsschreiber gebührt, wobei es Preise von verschiedenem Werte gibt.

Freilich alle, die in der Rechtsgeschichte arbeiten, die Geschichtsschreiber und die Geschichtsforscher, leisten notwendige und unentbehrliche Arbeit für das Ganze, für die Gesamtheit, die auch hier nicht vergessen werden darf. Darum kehrt unsere Frage auf dieser höheren Ebene der Gesamtheit wieder, und sie ist unsere eigentliche Frage. Denn die Rechtsgeschichte einer Zeit ist nicht die Summe der Historiker, die in und an ihr tätig sind. Es gibt einen Geist der Zeit auch in den Wissenschaften, dem alle mehr oder weniger unterworfen sind. Es gibt eine Gemeinschaft der Geister einer Zeit, eine unsichtbare Universität, der alle angehören, der eine mehr, der andere weniger. Darum gibt es auch die Rechtsgeschichte der Gegenwart, von der wir sprachen, in ihrer Eigenheit und Einheit. Und sie muß ebenso wie ihre Mitarbeiter sich dahin prüfen lassen, ob ihr der Sinn für Wirklichkeit und Ganzheit wesentlich ist oder nicht.

Dieser Sinn nun müßte philosophisch und damit metaphysisch, müßte es zu mindest unausgesprochen sein, wenn es der Geist der Geschichtsschreibung, der Geist der Erkenntnis und nicht nur der Forschung sein wollte. Kann man dies sagen, kann man sagen, daß der Geist der deutschen Rechtsgeschichte der Gegenwart und jüngeren Vergangenheit, wie er in den »amtlichen« und halbamtlichen Kundgebungen und Veranstaltungen, in den Zeitschriften und auf den Tagungen und wo es sonst wäre sichtbare und greifbare Gestalt annimmt, wesentlich, wenn auch nicht notwendig mit Worten, philosophisch sei, daß er den Zauber metaphysischer, letzte Fragen anrührender Denkweise verrate? Wir wollen es nicht entscheiden, da alle Entscheidung zum mindesten die Gefahr der Einseitigkeit und Gewaltsamkeit in sich trägt. Wir brauchen es auch nicht zu entscheiden, da jeder sich die Fragen selbst auf seine Weise beantworten kann. Das aber wollen wir nicht übersehen, daß jede Geschichtsforschung, welche sie auch sei, auf dem Wege zur Geschichtsschreibung und damit auf dem Wege zur Erkenntnis ist, die sie vollendet und begründet, so gewiß ihre Darstellungen und Untersuchungen Teilganze sind, die Glieder eines Gesamtganzen sein und werden wollen.

Daher ist jede Geschichtsforschung mehr oder weniger Geschichtsschreibung, und die deutsche Rechtsgeschichte der Gegenwart ist es auch. Was im Denken sich auseinanderlegt, ist in der Wirklichkeit und ihrer Erkenntnis vereint, die Ganzheit ist. Aber sie muß es wissen, und nur wenn und soweit sie es weiß, ist sie das, was sie sein will, Ganzheit und Wirklichkeit, Gliederung und Erneuerung und lebendiges Leben. Nur wenn sie um sich weiß, ist sie ganz wirklich. Denn nur dann ist sie Ichheit. Wenn sie bewußtlos wird, dauernd bewußtlos wird, so wird sie alt und schwach und krank und stirbt, indem sie nicht nur zweifelt, sondern schließlich sogar verzweifelt an ihrer Wirklichkeit und ihrer Zukunft. Leben heißt wiedergeboren werden, und was wir Renaissance nennen, ist nur die Rückkehr zu sich selber, in unsern Urgrund, dem wir entnommen sind. Nur wer sich auf sich selbst besinnt, was die Art und Weise und das Wesen der Philosophie ist, bleibt. Nur wer weiß, wozu er berufen ist, besteht. Nur wer sich erinnert, erkennt. Ohne Metaphysik gibt es kein Leben. Denn sie ist das Leben, das vom Glauben lebt, dem das Wissen innewohnt.

Darum wird auch die deutsche Rechtsgeschichte der Gegenwart bleiben und bestehen, wenn sie ihr Selbstbewußtsein wiederfindet, das sie erneuert; und alles Reden von Niedergang und Epigonentum wird aufhören, wenn sie aus der Forschung zur Erkenntnis, aus dem Erforschlichen in das Unerforschliche, aus dem Vergänglichen in das Unvergängliche, aus der Wissenschaft in die Wirklichkeit hinübergeht. Aus dem Urgrund ihrer selbst, aus der Metaphysik heraus wird sie sich verjüngen, womit sie sich als Wissenschaft »überwindet«, was ihre Bestimmung und ihr Schicksal ist. Die deutsche Rechtsgeschichte darf nicht nur Einzelwissenschaft, nicht nur die Sonderangelegenheit weniger »Fachgenossen« sein. Auch sie wie jede andere Wirklichkeit muß das sein, was sie von sich sagt. Sie muß die deutsche Rechtsgeschichte selber sein, die Wirklichkeit des deutschen Rechts, die unser aller Wirklichkeit ist, indem sie in uns wirkt und in uns lebt.

Nicht also soll die Wissenschaft, die Einzelforschung und Fachwissenschaft, abdanken, wie es das leichtfertige Gerede geistreicher Leute ist, die nicht denken und erst recht nicht forschen wollen. Aber wissen soll sie, daß sie als solche nicht das Ganze ist und nicht das Ganze hat, weshalb ihr nicht der Primat gebührt, den sie sich im sogenannten »Zeitalter der Wissenschaft« angemaßt hat. Die Wissenschaft und Forschung ist nicht die Sonne und die Seele unseres geistigen Daseins. Sie bedeutet trotz ihres hohen Wertes nicht unsere ganze Existenz. Sie füllt uns niemals aus. Die Wahrheit ist das Ganze, um mit Hegel zu reden, weshalb die Einzelwissenschaft nur dann in der Wahrheit ist, wenn und soweit sie im Ganzen und damit in der Metaphysik ist. Die Metaphysik ist die Wissenschaft, weil sie nicht Wissen, sondern dessen Einheit und damit eben Wissenschaft ist. Ihr sind die Einzelwissenschaften, soweit sie Wissenschaften und nicht nur Wissen sind und sein wollen, eingeordnet. Sie sind ein Ganzes in dem Ganzen, aus dem sie Kraft und Leben haben. Nur in der Metaphysik haben sie Existenz, und nur in der Metaphysik hat auch die deutsche Rechtsgeschichte Wirklichkeit. Nur eine philosophische deutsche Rechtsgeschichte ist das Selbstbewußtsein des deutschen Volkes im Rechtlichen, nur sie ist seine Wissenschaft von sich und seinem Wesen. In der Rechtsmetaphysik ist die Rechtswissenschaft unbeschadet ihrer bedingten Besonderheit und Selbständigkeit »aufgehoben«, gut und wahrhaftig aufgehoben.

Die Philosophie des deutschen Rechtes aber ist deutsche Rechtsphilosophie. Nur wer das deutsche Recht kennt und erkennt, kann deutsch vom Rechte denken. Im deutschen Rechte spricht das Recht zum deutschen Volke, offenbart sich sein Begriff und sein Gedanke überhaupt, den wir gewiß nicht nur erdenken und aus dem Nichts hervorzaubern. Philosophie ist Wirklichkeitserkenntnis, weil sie die Wirklichkeit in ihrer Möglichkeit und Notwendigkeit begreift, und auch die Rechtsphilosophie wächst nur auf diesem Boden unserer Wirklichkeit. In diesem Sinne hat mancher Rechtshistoriker und mancher Rechtsdogmatiker mehr für die Rechtserkenntnis überhaupt getan, als mancher »Denker«, der »nur« philosophierte. In der Geschichte erkennen wir das Recht, nicht nur in der Praxis, sondern auch in der Theorie, die Philosophie nicht ausgenommen, die Theorie, d. h. Anschauung im wahrsten und tiefsten Sinne des Wortes sein sollte. Eine Rechtsphilosophie, die die Geschichte »ausschaltet«, wie man in aller Harmlosigkeit erklärt hat, statt sie zu überwinden und zu durchschauen, was etwas ganz anderes ist, muß ihren Beruf verfehlen, weil sie in Abstraktionen enden muß. Nicht eine abstrakte, sondern eine konkrete Rechtsphilosophie hat »Existenz«, weil sie die Selbsterkenntnis der Rechtswirklichkeit und damit Wahrheit ist. Sie muß mit uns und unserm Wesen »verwachsen« sein, das sie ausdrückt und ausspricht, nicht aber auszieht und damit entkräftet. In diesem Sinne ist jede wirkliche und wahre Philosophie »Lebensphilosophie«. Sie deutet das Leben, ohne es umzudeuten, sie nimmt es in ehrfürchtiger Demut hin, um es zu bedenken, was wir Kritik nennen, ohne es aber dadurch zu zerdenken, was das Kriterium sein dürfte, das den echten von dem falschen Philosophen unterscheidet. Wer fort und fort das Leben als Ganzes zurechtweist und ihm vorschreibt, wie es »eigentlich« sein müßte, wenn es vernünftig wäre, wer die Wirklichkeit grundsätzlich umdenkt, nicht aber bedenkt, wodurch sich Sein und Schein sondern, ist mehr ein Schulmeister zu nennen als ein Philosoph. Er liebt die Weisheit nicht, die in der Wirklichkeit und damit in der Geschichte zutage tritt. Er liebt das Leben nicht, weil er es nicht so nimmt, wie es ist. Er nimmt es nicht für Ernst, was ihm das Leben über sich sagt.

Wie wir die Dinge nehmen, so sind sie für uns. Nehmen wir sie ernst, so haben sie Ernst, nehmen wir sie nichtig, so sind sie nichtig. Wie aber jemand das Leben nimmt, sieht man am deutlichsten daran, wie er den Tod nimmt. Im Tode wird das Leben fraglich, weshalb die Antwort, die wir darauf geben, auf Tod und Leben geht. Was unserer Zeit der Tod bedeutet, das sagen uns am eindruckvollsten die viel bewunderten »zeitgemäßen« Friedhöfe unserer großen Städte, die kaum noch so genannt werden können, weil sie im Grunde Gartenanlagen sind, die uns die Gräber mehr verbergen als vor Augen rücken. Man vergleiche einen solchen neuen Friedhof in seiner ganzen unbestrittenen Schönheit mit einem alten »Gottesacker« in seinem schlichten Ernst, und man wird wissen, was ich meine. Wie wir dem Selbstmord seine erschütternde Furchtbarkeit nehmen, wenn wir ihn in »Freitod« übersetzen, also wollen wir auch dem Tode selbst den Stachel nehmen. Wir wollen uns nicht an ihm stoßen, weil wir in unserer »Humanität« ihn nicht ertragen. Aber wir merken nicht, daß uns der Tod der Stoß zum Leben ist. Memento mori heißt auch memento vivere. Wer am Tode vorbeisieht, sieht auch das Leben nicht in seiner Ganzheit. Der Tod gehört zum Leben, wie zum Licht der Schatten. Nur wer den Tod für ernst nimmt, ohne ihn zu humanisieren, nimmt auch das Leben ernst. Ich sage dieses nicht, um Vorwürfe zu erheben. Sehe jeder, wo er bleibe! Aber darauf kommt es mir an, an einem besonders eindrucksvollen Beispiel zu zeigen, was es heißt und heißen kann, wenn wir die Wirklichkeit vermenschlichen und dadurch umdeuten. »Das Wort sie sollen lassen stahn.« Die Worte bergen Tod und Leben. Nur wer die Dinge bei ihrem Namen nennt und nimmt, geht in ihr Leben ein. Es ist eine Krankheit, die »Krankheit zum Tode«, daß wir so sehr geneigt sind, die Dinge umzudeuten, wodurch wir sie verfälschen. Nur wer das, was sie sagen, sich auch gesagt sein läßt, kann sie erkennen, auch im Rechtlichen.

Was die historische Schule geahnt und der Historismus vorbereitet hat und vorbereitet, wird sich dann in solcher Betrachtung vollenden, die Erkenntnis des deutschen Volksgeistes im Rechtlichen, der deutschen Rechtswirklichkeit in ihrer Gliederung und ihrem Sinn, der auch der Sinn unseres rechtlichen Daseins in unserer Gegenwart ist. Daß wir das noch nicht erschöpfend geleistet und vollbracht haben, ist kein Vorwurf. Vor der Erkenntnis kommt die Forschung. Aber es stünde schlimm um uns, wir wären die Epigonen, die wir auch sind, wenn wir es nicht vermißten und nicht als unsere besondere Aufgabe vor uns sähen. Oder kann es eine Gliederung und die Erkenntnis dieser Gliederung genannt werden, wenn wir das deutsche Privatrecht herkömmlich nach dem Pandektensystem darstellen, wie es ganz allgemein geschieht, auch von Otto von Gierke, der in seinem Genossenschaftsrecht gezeigt hat, daß er wußte, was ein System ist? Das Pandektensystem ist kein System im echten Sinne. Denn kein Recht, welches es auch sei, gliedert sich so. Das römische und das gemeine Recht gliedert sich nicht so und das deutsche Recht erst recht nicht. Das Pandektensystem ist eine künstliche Zusammenstellung zum praktischen Gebrauch, nicht aber eine natürliche Gliederung, womit gegen die praktische Brauchbarkeit dieser »Einteilung« gar nichts gesagt ist. Und im öffentlichen Recht, steht es da anders? Der noch immer ungeschlichtete Streit um den deutschen Staat des Mittelalters und den deutschen Staat überhaupt, das wird man doch wohl sagen müssen, ist nur ein Zeichen dafür, daß wir die innere Gliederung des deutschen Rechts noch nicht völlig durchschauen, weil wir es sich niemals in seiner Ganzheit entfalten lassen, eines mit dem andern und eines aus dem andern, Schritt für Schritt, wie dies allerdings Otto von Gierke in seinem Genossenschaftsrecht getan hat, den man deshalb zuweilen auch mit leisem Spott den Dichter unter den Heroen nennt, weil er ein tiefer Denker war, der nicht so sehr auf Forschung als vielmehr auf Erkenntnis ausging. An ihm und seinen Werken wird es uns deutlich, was Geschichtserkenntnis und Geschichtsschreibung im Gegensatz zur Geschichtsforschung im Rechtlichen bedeuten. Denn er war ein Geschichtsschreiber und konnte es sein, weil er ein Metaphysiker war. Freilich die Forschung ist über ihn und seine Kenntnisse weit hinausgediehen. Wir wissen heute mehr als er; und auch das philosophische Weltbild hat sich seitdem gewandelt und vertieft; wir haben den Positivismus schon mehr abgestreift und überwunden als er, der auch ein Kind seiner Zeit war, so sehr er andrerseits sie überragte, weshalb wir seine Arbeit von neuem leisten müssen mit unsern Mitteln und mit unsern Kräften. Dennoch bleibt er uns vorbildlich, nicht nur darin, daß er zu seinem Teil verwirklicht hat, was uns noch bevorsteht, sondern auch dadurch, daß seine Erkenntnis, weil und soweit sie Erkenntnis war, ewige Gültigkeit hat. Forschungsergebnisse veralten und werden überholt. Aber Erkenntnis bleibt, was sie ist. Sie kann uns verloren gehen, kann wachsen und zunehmen, aber als Erkenntnis ist sie unsterblich, weil sie offenbarte Erkenntnis ist. Erkenntnis ist zeitlos. Sie hat die ewige Jugend.

Sollte aber jemand, um nun zum Ende zu kommen, meinen, daß hier der Gedanke der Gliederung und damit des Systems in seiner zeitlich-zeitlosen Entfaltung überschätzt werde, so wird die Zukunft die Antwort darauf zu geben haben, wenn die Arbeit geleistet ist, die ein ganzes Geschlecht in Atem halten wird [1]). Einstweilen aber berufen wir uns auf einen Eideshelfer, der dem Verdacht unbeherrschter Systemsucht offenbar nicht ausgesetzt ist, da er Historiker und nicht Jurist ist, nämlich auf Fritz Kern, der in der Historischen Zeitschrift Bd. 120 1919 genau dasselbe, wenngleich mit andern Worten, gefordert hat wie wir, wenn er von uns Rechtshistorikern sagt, daß wir »Realien unter Stichworten ordneten«, was uns erlaubt wäre, während er im Gegensatz dazu darauf ausgehe, »die Geschichtsquellen nicht wie einen Steinbruch zu benutzen, sondern wie eine geologische Form zu studieren«. Nun ist dies Bild insofern nicht ganz glücklich, als die Geschichtsquellen als Bruchstücke und Daten, die sie sind, keine Form haben, die man wie eine geologische Struktur studieren könnte. Auch möchten wir den Rechtshistorikern ihre Realien und Stichworte, wie ausgeführt, nicht lassen. Aber das sind Nebensächlichkeiten, auf die es hier nicht ankommt. Was Fritz Kern meint, ist klar und wahr. Er meint die Wirklichkeit des alten Rechts, dessen natürliche Gliederung er studieren will, wie man die Natur eines Gebirges studiert, während er bei den Rechtshistorikern nur Wirkliches, nicht Wirklichkeit zu finden glaubt. Es ist der Gegensatz von

[1]) An ihr nach meinen besten Kräften mitzuwirken ist der Sinn meiner »Wirklichkeitslehre des deutschen Rechts«, die ich in Angriff genommen habe, ohne sagen zu können, wie und wann sie zu ihrem Ende kommen wird.

Geschichtserkenntnis und Geschichtsforschung, von Sinnverständnis und Seinsfeststellung, um den es bei ihm geht. Er will die Wirklichkeit und nicht nur die Realien und Realitäten sehen, ein Verlangen, in dem ihm jeder beitreten kann, wer es auch sei. Denn jeder will die Wirklichkeit erkennen, der Forscher wie der Denker. Im Grunde sind wir alle Metaphysiker, weil wir lebendige Menschen sind, die ohne Glauben nicht leben können, aber nicht alle wissen es, und manche wollen es sogar nicht wissen.

Sollte aber einer von denen, die es nicht wissen wollen, aus irgend einem Grunde diese Ausführungen zu lesen sich die Mühe machen, ich gäbe viel drum zu erfahren, was er gedacht in diesem Fall. Eines aber möchte ich nicht hören, den Vorwurf, daß ich novarum rerum cupidus wäre. Denn gerade dieses bin ich nicht. Es sind uralte, ewige Wahrheiten — alle Wahrheit ist ewig —, die hier wieder ausgegraben sind, weil und soweit sie verschüttet waren. Wer Augen hat zu sehen, wird sie unschwer wiedererkennen und wissen, woher sie stammen, ohne daß ich es zu sagen brauche. Denn in der Nacht der Metaphysik, wo bekanntlich alle Kühe schwarz sind, ist es so dunkel, daß man die Dinge nicht auf Neu und Alt hin unterscheiden kann.

Wenn man sie überhaupt erkennt, dann ist es gut. Und das kann man, wenn man sich anstrengt, da sie leuchten wie die Sterne und ein Licht ausstrahlen, das man sonst nicht sieht. In der Dämmerung beginnt der Vogel der Minerva seinen Flug; Eulen und Metaphysiker sehen nur bei Nacht. Bei Tage sind sie blind, da die Forscher am Werke sind, die die neuen Dinge zutage fördern. Sie fördern sie zutage, was ihre verdienstvolle Leistung ist. Aber sie verstehen sie nicht immer recht, weil sie sie nicht begreifen und betasten, wie es die Blinden tun, unter deren wachen Händen sie ihr inneres Leben entfalten. »Denn mit sehenden Augen sehen sie nicht und mit hörenden Ohren hören sie nicht.«

Darum und darum allein, wie mir scheint, trägt die Justitia, die Göttin der Gerichtsbarkeit, die Binde vor den Augen, wenn sie für Recht erkennt. Sie sieht nicht auf den äußeren Schein, auf das Positive, sondern auf das innere Sein, auf seinen Sinn. Sie sieht den Menschen und den Dingen und auch den Satzungen in das Herz. Auch ihre Jünger, die Juristen, sollten sich zu dieser

»blinden« Innerlichkeit bekennen, wie es das Reichsgericht ja auch getan hat, wenn es bereits im Jahre 1891 (RG.Z. Bd. 27, S. 65) den unverkennbar metaphysischen Satz ausspricht: »Die Wissenschaft, auch die wissenschaftliche Jurisprudenz hält sich nicht an die Äußerlichkeiten, sondern sie sucht das Wesen der Dinge zu ergründen.«

Das Wesen der Dinge ist ihr Gedanke und ihr Sinn, ist ihre Wirklichkeit und Ursprünglichkeit, und sie ergründen heißt, sie erkennen. Die Wirklichkeit des Rechts ist die bedingte Gerechtigkeit seiner Satzungen, sie ist sein Wesen, ist sein Sinn, den die Rechtswissenschaft ergründet und erkennt und die Rechtspraxis nicht minder. Im Zentrum des Rechts steht die Gerechtigkeit und damit Gott, weshalb das Recht von Gottes Gnaden ist. Im Zentrum der Rechtswissenschaft und Rechtspraxis steht die Erkenntnis und darum der Mensch, der ganze, von Gott geschaffene und gläubige Mensch, nicht nur der »Logiker« und nicht nur der »Forscher«, die dadurch auf den ihnen zukommenden Gebieten, zu denen sie berufen sind, in keiner Weise herabgesetzt werden.

Das ist die »kopernikanische Wendung«, die auch und namentlich von uns und unserm Zeitalter, dem Zeitalter der Wissenschaft und Wirtschaft und Technik, gefordert ist, daß wir wieder von innen nach außen und damit aus der ewigen Substanz leben, daß wir Gott geben, was Gottes ist, und dem Menschen, was des Menschen ist, auch im Recht. Dies ist ein alter, aber ein guter Glaube und gute, alte deutsche Rechtsweisheit, wie wir aus Eikes von Repgow Reimvorrede zum Sachsenspiegel wissen, wo es mit Gültigkeit für alle Zeiten ausgesprochen ist.

Das Wirkliche und mit dem Wirklichen das Recht ist nur in der Wirklichkeit und damit in Gott wirklich, womit nicht gefordert ist, daß alle, die sich mit ihm befassen, es in diesem seinem Ursprung aufsuchen, wenn sie nur wissen oder ahnen, wo seine ewige Heimat ist. Auch die bescheidene Teilerkenntnis derer, die im Vorläufigen ihr Genüge finden, weil sie, was kein Vorwurf ist, den Mut zur Ursprünglichkeit nicht aufbringen, der in Wahrheit Demut ist, setzt voraus, daß sie den Grund der Gründe nicht bestreiten, sondern gelten lassen. Denn, wer darüber hinausgeht und nicht nur den offenbarten, sondern auch den unbekannten Gott vom Throne stürzt, verfällt ins Sinn- und

Wesenlose, verfällt in Schein und Nichtigkeit, die ihn vernichten, weil er das Leben selber und seinen ewigen Ursprung leugnet.

Den einen das Wirkliche, den andern die Wirklichkeit, den einen der Tag, den andern die Nacht, den einen die Bescheidenheit, den andern die Demut. Jedem das Seine, allen das Ganze. So hat jeder von uns seine Geschichte in der Geschichte, seine Zeit und seinen Raum in der Wirklichkeit, im Reich des Geistes und in der Gemeinschaft der Geister. Wir ernten, was wir nicht gesät haben, und säen, was wir nicht ernten werden. Das Leben steht nie still, es rastet nicht. »Ein Geschlecht der Menschen vergeht nach dem andern, ein Geschlecht gibt die Waffen des Lebens weiter an das andere«, wie Wilhelm Raabe, der ein deutscher Dichter und darum ein Metaphysiker war, seinen Hungerpastor beschließt.

Philosophie / Psychologie / Pädagogik

Werke aus dem Verlag Walter de Gruyter & Co., Berlin

I. Philosophie

Einführung in die Philosophie. Von Max Wentscher, o. Professor an der Universität Bonn. Siebenter Neudruck. 174 Seiten. 1926. (Sammlung Göschen Bd. 281.) Geb. RM. 1.80

Hauptprobleme der Philosophie. Von Georg Simmel. Sechste Auflage. 175 Seiten. 1927. (Sammlung Göschen Bd. 500.) Geb. RM. 1.80

Grundlagen der Philosophie. Von Ákos von Pauler, o. ö. Professor der Philosophie an der Universität Budapest. Groß-Oktav. X, 348 Seiten 1925. RM. 12.—, geb. RM. 14.—

Gedanken zu einer ersten Philosophie. Von Felix Somló. Groß-Oktav. 107 Seiten. 1926. RM. 4.—

Gedanken und Tatsachen. Philosophische Abhandlungen, Aphorismen und Studien. Von Otto Liebmann. Oktav.

I. Bd., 1. Heft. Zweite Auflage. 122 Seiten. Neudruck 1928. RM. 2.50. 2. Heft. IV, Seite 123—300. Neudruck 1925. RM. 4. —. 3. Heft. III, Seite 301—470. Zweite Auflage. Neudruck 1928. RM. 3.—

II. Bd., 1. Heft. V, 90 Seiten. Neudruck 1928. RM. 2.—. 2. Heft. Seite 91—234. Neudruck 1925. RM. 3.50. 3. Heft. Seite 232—362. Anastatischer Neudruck 1920. RM. 3.20. 4. Heft. VI, Seite 363 bis 508. Anastatischer Neudruck 1920. RM. 3.40

Der Lebensgehalt der Wissenschaften. Wissenschaftstheoretische Grundfragen. Von Dr. A. C. Elsbach, Privatdozent an der Universität Utrecht. Oktav. 39 Seiten. 1926. RM. 1.20

Geschichte der Philosophie I: Die griechische Philosophie. Erster Teil: Von Thales bis Leukippos. Von Dr. Wilhelm Capelle, o. Honorarprofessor an der Hamburgischen Universität. 128 Seiten. 1922. (Sammlung Göschen Bd. 857.) Geb. RM. 1.80

II. Die griechische Philosophie. Zweiter Teil: Von der Sophistik bis zum Tode Platons. Von Dr. Wilhelm Capelle. 140 Seiten. 1926. (Sammlung Göschen Bd. 858.) Geb. RM. 1.80

III: Die Philosophie des Mittelalters. Von Martin Grabmann, o. Professor an der Universität München. 122 Seiten. 1921. (Sammlung Göschen Bd. 826.) Geb. RM. 1.80

IV: Neuere Philosophie bis Kant. Von Bruno Bauch, o. Professor an der Universität Jena. Dritte, verbesserte Auflage. 178 Seiten. 1919. (Sammlung Göschen Bd. 394.) Geb. RM. 1.80

V: Immanuel Kant. Von Bruno Bauch, o. Professor an der Universität Jena. Dritte, verbesserte Auflage. 209 Seiten. 1920. (Sammlung Göschen Bd. 536.) Geb. RM. 1.80

VI: Die Philosophie im ersten Drittel des 19. Jahrhunderts. Von Arthur Drews, a. o. Professor an der Technischen Hochschule in Karlsruhe. Neudruck. 119 Seiten. 1920. (Sammlung Göschen Bd. 571.) Geb. RM. 1.80

VII: Die Philosophie im zweiten Drittel des 19. Jahrhunderts. Von Arthur Drews, a. o. Professor an der Technischen Hochschule in Karlsruhe. Neudruck. 163 Seiten. 1922. (Sammlung Göschen Bd. 709.) Geb. RM. 1.80

VIII: Die Philosophie im letzten Drittel des 19. Jahrhunderts. Von Arthur Drews, a. o. Professor an der Technischen Hochschule in Karlsruhe. 155 Seiten. 1921. (Sammlung Göschen Bd. 845.) Geb. RM. 1.80

IX: Die deutsche Philosophie der Gegenwart und die Philosophie des Auslandes. Von Arthur Drews, a. o. Professor an der Technischen Hochschule in Karlsruhe. 148 Seiten. 1922. (Sammlung Göschen Bd. 850.) Geb. RM. 1.80

Philosophisches Wörterbuch. Von Dr. Max Apel. 155 Seiten. 1930. (Sammlung Göschen Bd. 1031.) Geb. RM. 1.80

Die Lehre von der Gestalt. Ihre Methode und ihr psychologischer Gegenstand. Von Martin Scheerer. Groß-Oktav. IV, 405 Seiten. 1931. RM. 17.—, geb. 19.—

Geschichte der antiken Philosophie. Von Ernst von Aster, o. Professor an der Universität Gießen. Groß-Oktav. VI, 274 Seiten. 1920. RM. 5.—, geb. RM. 6.50

Geschichte der Philosophie von Sokrates bis Aristoteles. Von Walther Kinkel, o. Honorarprofessor an der Universität Gießen. Groß-Oktav. 328 S. 1922. (Geschichte der Philosophie Bd. 2.) RM. 3.—, geb. RM. 4.—

Platos Stellung im Aufbau der griechischen Bildung. Ein Entwurf. Von Werner Jäger. Quart. 49 Seiten. 1928. (Sonderdruck aus „Die Antike", Bd. IV, Heft 1—3.) RM. 4.—

Platons Selbstbiographie. Von H. Gomperz, o. ö. Professor an der Universität Wien. Oktav. 46 Seiten. 1928. RM. 3.—

Platon. Von Paul Friedländer, o. ö. Professor an der Universität Marburg.

I. Eidos. Paideia. Dialogos. Mit 3 Tafeln. Groß-Oktav. X, 278 Seiten. 1928. RM. 12.50, geb. RM. 14.50

II. Die platonischen Schriften. Groß-Oktav. VIII, 690 Seiten. 1930. RM. 38.—, geb. 40.—

Griechische Denker. Eine Geschichte der antiken Philosophie. Von Theodor Gomperz. Ausgabe letzter Hand besorgt von Heinrich Gomperz, o. ö. Professor an der Universität Wien. Drei Bände. Groß-Oktav.

I. Bd.: Naturphilosophen und Sophisten. Vierte Aufl. X, 499 Seiten. 1922 RM. 14.—, geb. 16.—

II. Bd.: Sokrates und die Sokratiker. Platon. Vierte Auflage. VIII, 628 Seiten. 1925. RM. 24.—, geb. 26.—

III. Bd.: Aristoteles und seine Nachfolger. Dritte und vierte Aufl. IX, 664 Seiten. 1931. RM. 30.—, geb. 33.—

Die Philosophie des Mittelalters. Von Dr. Johannes Maria Verweyen, a. o. Professor an der Universität Bonn. Zweite Auflage. Groß-Oktav. X, 308 S. 1925. (Geschichte der Philosophie Bd. 4.) RM. 5.—, geb. 7.50

Studien zur Metaphysik und Erkenntnislehre Wilhelms von Ockham. Von Erich Hochstetter, Privatdozent an der Universität Berlin, Groß-Oktav. VIII, 179 Seiten. 1927. RM. 10.—, geb. 12.—

Geschichte der jüdischen Philosophie des Mittelalters, nach Problemen dargestellt. Von Dr. David Neumark, Professor am Hebrew Union College in Cincinnati, Ohio. Groß-Oktav.

I. Bd.: Die Grundprinzipien I. Buch 1: Einleitung. Buch 2: Materie und Form. XXIV, 615 Seiten. 1907. RM. 15.—

Anhang zum I. Bd.: Materie und Form des Aristoteles. V, 108 Seiten. 1913. RM. 3.—

II. Bd., 1: Die Grundprinzipien II. Buch 3: Attributenlehre. I. Hälfte: Altertum. XXVI, 432 Seiten. 1910. RM. 12.—

II. Bd., 2: Die Grundprinzipien II. Buch 3: Attributenlehre. II. Hälfte Mittelalter. XX, 371 Seiten. 1928. RM. 18.—

Geschichte der philosophischen Ideen von der Renaissance bis zur Gegenwart. Von Harald K. Schjelderup, o. Professor an der Universität Oslo. Ins Deutsche übersetzt von M. Leixner von Grünberg. Groß-Oktav. VIII, 232 Seiten. 1929. RM. 7.—, geb. 8.—

Geschichte der Philosophie von der Renaissance bis Kant. Von Dr. Richard Hönigswald, o. ö. Professor an der Universität Breslau. Groß-Oktav. X, 300 Seiten. 1923. (Geschichte der Philosophie Bd. 6.) RM. 3.—, geb. 4.—

Geschichte der neueren Philosophie von Nikolaus von Cues bis zur Gegenwart. Im Grundriß dargestellt von Richard Falckenberg, weil. o. Professor zu Erlangen. Neunte Auflage, verbessert und ergänzt von Dr. Ernst von Aster, o. Professor an der Universität Gießen, Oktav. XI, 749 Seiten. 1927. RM. 18.—, geb. 20.—

Die Philosophie des deutschen Idealismus. Von Dr. Nicolai Hartmann, o. ö. Professor an der Universität Köln-Marienburg. (Geschichte der Philosophie Bd. 8.)

I. Teil: Fichte, Schelling und die Romantik. Groß-Oktav. VIII, 282 Seiten. 1923. Geb. RM. 4.—

II. Teil: Hegel. Groß-Oktav. X, 392 Seiten. 1929. RM. 16.—, geb. 18.—

Leben Schleiermachers. Von Wilhelm Dilthey. Erster Band. Zweite Auflage. Herausgegeben von H. Mulert. Oktav. XXXII, 879 Seiten. 1922. RM. 17.—, geb. 19.—

Friedrich Schleiermachers Ästhetik. Im Auftrage der Preußischen Akademie der Wissenschaften und der Literatur-Archiv-Gesellschaft zu Berlin nach den bisher unveröffentlichten Urschriften zum erstenmal

Logik. Versuch einer Theorie der Wahrheit. Von Dr. Ákos von Pauler, o. ö. Professor der Philosophie an der Universität Budapest. Aus dem Ungarischen übersetzt von Dr. J. Somogyi. Groß-Oktav. VIII, 294 Seiten. 1929. RM. 11.—, geb. 13.—

Denkformen. Von Dr. Hans Leisegang, Professor der Philosophie an der Universität Leipzig. Mit 1 Tafel und 8 Figuren im Text. Groß-Oktav. VII, 457 Seiten. 1928. RM. 20.—, geb. 22.—

Philosophie der Raum-Zeit-Lehre. Von Dr. phil. Hans Reichenbach, a. o. Professor an der Universität Berlin. Mit 50 Figuren und einer Tafel im Text. Groß-Oktav. VI, 380 Seiten. 1928. RM. 18.—, geb. 20.—

Hamburger Beiträge zur Philosophie des kritischen Idealismus. Herausgegeben von E. Cassirer, A. Görland, H. Noack. (Friederichsen, de Gruyter & Co. m. b. H., Hamburg.)

I. Band, Heft 1: Geschichte und System der Philosophie. Von H. Noack. Groß-Oktav. 184 Seiten. 1928. RM. 10.—

I. Band, Heft 2: Der Immanenzgedanke in der Kantschen Erfahrungslehre. Ein Beitrag zum Problem des Transzendenzmotivs als Faktor immanenter Systematik innerhalb des kritischen Idealismus. Von F. Kölln. Groß-Oktav. 192 Seiten. 1930. RM. 12.—

II. Psychologie

Abriß der Psychologie. Von Hermann Ebbinghaus. Mit 19 Figuren. Achte Auflage, durchgesehen von Karl Bühler, o. Prof. an der Wiener Universität. Groß-Oktav. 207 Seiten. 1922. RM. 3.—, geb. 4.—

Psychologie. Von Dr. Th. Erismann, o. Prof. an der Universität Innsbruck.

I. Bd.: Die Grundlagen der allgemeinen Psychologie. 112 Seiten. 1920. (Sammlung Göschen Bd. 831.) Geb. RM. 1.80

II. Bd.: Die allgemeinen Eigenschaften der Psyche. 144 Seiten. 1921. (Sammlung Göschen Bd. 832.) Geb. RM. 1.80

III. Bd.: Die Hauptformen des psychischen Geschehens. 144 Seiten. 1921. (Sammlung Göschen Bd. 833.) Geb. RM. 1.80

Angewandte Psychologie. Von Dr. Th. Erismann, o. Professor an der Universität Innsbruck. Neudruck. 159 Seiten. 1920. (Sammlung Göschen Bd. 774.) Geb. RM. 1.80

Psychologie. Von Harald K. Schjelderup, o. ö. Professor und Leiter des Psychologischen Instituts an der Universität Oslo. Ins Deutsche übertragen von M. Leixner von Grünberg. Mit 20 Figuren im Text. Groß-Oktav. XII, 330 Seiten. 1928. RM. 10.—, geb. 12.—

Psychologie und Logik. Zur Einführung in die Philosophie für Oberklassen höherer Schulen und zum Selbststudium dargestellt von Professor Dr. Th. Elsenhans. Sechste, verbesserte Auflage von Oberstudiendirektor Dr. A. Buchenau. 132 Seiten. 1929. (Sammlung Göschen Bd. 14.) Geb. RM. 1.80

Die Psychoanalyse. Psychoanalytische Psychologie. Von Dr. W. M. Kranefeldt. Mit einer Einführung von C. G. Jung. 137 Seiten. 1930. (Sammlung Göschen Bd. 1034.) Geb. RM. 1.80

Die okkulten Phänomene im Lichte der Wissenschaft. Von Karl Hermann Schmidt. Mit 14 Fig. 134 Seiten. 1923. (Sammlung Göschen Bd. 872.) Geb. RM. 1.80

Theosophie nebst Anthroposophie und Christengemeinschaft. Von Lic. Kurt Lehmann-Issel, Pfarrer in Durlach (Baden). 132 Seiten. 1927. (Sammlung Göschen Bd. 971.) Geb. RM. 1.80

Psychologie der Religion. Von Dr. Rich. Müller-Freienfels in Berlin. 2 Bde. 1920. (Sammlg. Göschen Bd. 805/06) Geb. je RM. 1.80

Die Askese. Eine religionspsychologische Untersuchung. Von Kristian Schjelderup. Oktav. 249 Seiten. 1928. RM. 11.50, geb. 12.80

III. Pädagogik

Pestalozzis sämtliche Werke. Unter Mitwirkung zahlreicher Gelehrter herausgegeben von Dr. Artur Buchenau, Oberstudiendirektor in Berlin, Dr. Eduard Spranger, o. Professor an der Universität Berlin, und Dr. Hans Stettbacher, a. o. Professor an der Universität Zürich. Oktav.

1. Bd.: Schriften bis 1780. Mit einem Bildnis und 2 Faksimiles. VIII, 414 Seiten. 1927. RM. 10.—, in Leinen 12.50, in Halbleder 15.—

2. Bd.: Lienhard und Gertrud. 1. und 2. Teil. VII, 496 Seiten. 1927. RM. 12.—, in Leinen 14.50, in Halbleder 17.—

3. Bd.: Lienhard und Gertrud. 3. und 4. Teil. II, 590 Seiten. 1928. RM. 20.—, in Leinen 22.50, in Halbleder 25.—

4. Bd.: Lienhard und Getrud. (Zweite Fassung.) Entwurf zu Bonals Chronik. Bearbeitet von Gotthilf Stecher. VIII, 609 Seiten. 1929. RM. 22.—, in Leinen 24.50, in Halbleder 27.—

5. Bd.: Lienhard und Gertrud. (Dritte Fassung.) 1. Teil 1819, 2. Teil 1819. Bearbeitet von Gotthilf Stecher. V, 516 Seiten. 1930. RM. 20.—, in Leinen 22.50, in Halbleder 25.—

8. Bd.: Ein Schweizer Blatt. VII, 485 Seiten. 1927. RM. 15.—, in Leinen RM. 17.50, in Halbleder 20.—

9. Band: Schriften von 1782 bis 1786. Bearbeitet von Emanuel Dejung, Walter Guyer und Herbert Schönebaum. VIII, 630 Seiten. 1930. RM. 25.—, in Leinen 27.50, in Halbleder 30.—

10. Band Im Druck

Rochow, Fr. E. v. Sämtliche pädagogische Schriften. Herausgegeben von F. Jonas und F. Wienecke. 4 Bände. Oktav. 1907, 1908, 1909, 1910. Bd. I u. II je RM. 4.—, Bd. III u. IV je RM. 5.—

Stephan Ludwig Roth. Gesammelte Schriften. Aus dem Nachlaß herausgegeben von Otto Folberth. Oktav.
I. Bd.: 333 Seiten. 1927. II. Bd.: 335 Seiten. 1928. Geb. je RM. 10.—
Weitere Bände in Vorbereitung.

Allgemeine Erziehungswissenschaft. Von Peter Petersen. Groß-Oktav. VIII, 276 Seiten. 1924. RM. 5.—, geb. 6.50

Mitglieder der Gelehrten Gesellschaft.

Ordentliche Mitglieder.

D. Dr. Hermann Wolfgang *Beyer*, Greifswald, Am Graben 3, o. ö. Prof. der Kirchengeschichte. Mitglied des Vorstandes.

D. Dr. Walter *Glawe*, Greifswald, Baustraße 2, o. ö. Prof. der Kirchengeschichte.

D. D. Freiherr *von der Goltz*, Greifswald, Roonstr. 26, o. ö. Prof. der praktischen Theologie.

D. Rudolf *Hermann*, Greifswald, Wolgaster Landstr. 73, o. ö. Prof. der systemat. Theologie. Geschäftsführender Vorsitzender.

Dr. Adolf *Hofmeister*, Greifswald, Wolgasterstr. 47, o. ö. Prof. der Geschichte.

D. Wilhelm *Koepp*, Greifswald, Loitzerstr. 47, o. ö. Prof. der systematischen Theologie.

Bibliotheksdirektor i. R. Prof. Dr. D. Johannes *Luther*, Greifswald, Werderstr. 4.

Dr. Lutz *Mackensen*, Greifswald, Wolgasterstr. 9/10, Privatdozent für germanische Philologie.

Dr. Johannes *Paul*, Greifswald, Roonstr. 9, a. o. Prof. der Geschichte, z. Z. Riga, Herderinstitut.

D. Dr. Dr. Viktor *Schultze*, Greifswald, Karlsplatz 16, Geh. Rat, Prof. i. R. der Kirchengeschichte und der christl. Archäologie.

D. Dr. Hermann *Schwarz*, Greifswald, Geh. Rat, o. ö. Prof. der Philosophie, Lubmin bei Greifswald.

Dr. Wolfgang *Stammler*, Greifswald, Karlsplatz 17, o. ö. Prof. der germanischen Philologie. Mitglied des Vorstandes.

Korrespondierende Mitglieder.

D. Hermann *Mandel*, Kiel, o. ö. Prof. der systematischen Theologie.

Dr. Paul *Merker*, Breslau, o. ö. Prof. der german. Philologie.

Dr. Fritz *Milkau*, Berlin, Geh. Rat, Generaldirektor der preußischen Staatsbibliothek i. R., Honorarprof. a. d. Universität Berlin.

D. Adolf *Schlatter*, Tübingen, o. Prof. der Theologie i. R.

Dr. Walther *Schönfeld*, Tübingen, o. Prof. des deutschen, bürgerlichen und Kirchenrechts.

D. Erich *Seeberg*, Berlin, o. ö. Prof. der Kirchengeschichte.

D. Dr. Karl *Stange*, Göttingen, o. ö. Prof. der systematischen Theologie.

Dr. Heinrich *Ulmann*, Darmstadt, Geh. Rat, o. ö. Prof. der Geschichte i. R.

Kolibri 360 GmbH
Ferdinand-Jühlke-Straße 7
99095 Erfurt, Deutschland
produktsicherheit@kolibri360.de